慧科 HUIKE ｜ 产教融合信息技术类"十三五"规划教材

Linux 网络编程

LINUX NETWORK PROGRAMMING

李兴华 邢碧麟 ◎ 主编
张洪涛 ◎ 副主编

人民邮电出版社
北京

图书在版编目（CIP）数据

Linux网络编程 / 李兴华，邢碧麟主编. -- 北京：人民邮电出版社，2020.4
产教融合信息技术类"十三五"规划教材
ISBN 978-7-115-52731-8

Ⅰ. ①L… Ⅱ. ①李… ②邢… Ⅲ. ①Linux操作系统－程序设计－高等学校－教材 Ⅳ. ①TP316.89

中国版本图书馆CIP数据核字(2020)第051503号

内 容 提 要

本书较为全面地介绍了基于 Linux 网络编程的基础知识和编程技术，章节安排贴近企业项目需求，基于 Linux C 语言函数和 Linux 操作系统支持的库函数等进行讲解，由易到难，逐层递进。全书共 10 章，分为网络基础、网络编程、编程实践三个部分，内容包括网络概述、网络基础概念、套接字、TCP 编程、UDP 编程、网络通信、防火墙、原始套接字，并在最后提供了两个编程实践项目，通过项目练习帮助读者巩固所学的编程技术。

本书可以作为计算机相关专业 Linux 网络编程课程的教材，并适合广大 Linux 操作系统爱好者自学使用。

◆ 主　编　李兴华　邢碧麟
　副 主 编　张洪涛
　责任编辑　左仲海
　责任印制　王　郁　马振武

◆ 人民邮电出版社出版发行　北京市丰台区成寿寺路 11 号
　邮编 100164　电子邮件 315@ptpress.com.cn
　网址 https://www.ptpress.com.cn
　北京盛通印刷股份有限公司印刷

◆ 开本：787×1092　1/16
　印张：11.25　　　　　　2020 年 4 月第 1 版
　字数：312 千字　　　　 2025 年 1 月北京第 4 次印刷

定价：39.80 元

读者服务热线：(010)81055256　印装质量热线：(010)81055316
反盗版热线：(010)81055315
广告经营许可证：京东市监广登字 20170147 号

前言 FOREWORD

随着 Linux 操作系统应用规模日益扩大，市场占有率不断提高，Linux 网络编程也逐步得到广泛应用，成为高校计算机相关专业必修的核心技术之一。

目前，Linux 网络编程技术已经非常成熟，但 Linux 网络编程内容涉及广泛且深奥。本书按"学做合一"的指导思想，引入 CDIO 工程教育方法，结合 OBE 教学模式，在完成技术讲解的同时，对读者提出相应的自学要求并作出指导。读者在学习本书的过程中，不仅能够完成基本技术的快速入门，还能按工程化实践要求进行项目的开发，实现相应的功能。

本书主要特点如下。

1. 重点突出、知识扩展

本书内容根据企业实际需求设计安排，着重讲解常用知识点。读者在研读本书时需要重点掌握常用知识，在熟练掌握的基础上对知识进行拓展，扩展知识面。

2. 理论导向、实践为主

本书采用"理论导向、实践为主"的教学方法，充分激发读者的学习兴趣，发挥读者的主动性，变常规的被动学习和填鸭式教学为积极主动学习，使读者通过实践深化对理论的理解，并掌握理论知识的实际应用，更好地培养自己的专业技能和实践能力，以便学以致用。

3. 一线教学、贴近企业

本书内容贴近企业实际项目应用，且章节内容由浅入深，可使初学者很快进入学习状态，并在经过实战项目练习后有所收获。

为方便读者使用，图书相关教学资源均免费赠送给读者，读者可登录人民邮电出版社教育社区（www.ryjiaoyu.com）下载。

本书由李兴华、邢碧麟任主编，张洪涛任副主编，管刚、宋德锋参与审阅，邢碧麟统编全稿。

本书编者有着多年的项目开发经验，并拥有丰富的教学经验，与众多教学经验丰富的教师经过多轮次探讨、研究，最终完成本书的编写。在编写本书过程中，编者得到了慧科集团高级副总裁、AI 机器人学院院长及同事的大力支持，在此表示诚挚的感谢。

由于编者水平有限，书中不妥或疏漏之处在所难免，殷切希望广大读者批评指正。同时，一旦发现书中不足，恳请读者与编者联系，以便编者尽快更正，编者 E-mail 为 blxing@huikedu.com。

编 者

2019 年 12 月

目录 CONTENTS

第 1 部分　网络基础

第 1 章

网络概述 …………………………………………………… 2

1.1　计算机网络的概念、发展及类别 ……………………………………… 2
　　1.1.1　计算机网络的概念 ……………………………………………… 2
　　1.1.2　计算机网络的发展 ……………………………………………… 2
　　1.1.3　计算机网络的类别 ……………………………………………… 3
1.2　计算机网络的性能 ……………………………………………………… 4
1.3　计算机网络体系结构 …………………………………………………… 5
1.4　计算机网络协议 ………………………………………………………… 8
1.5　本章小结 ………………………………………………………………… 9
1.6　本章习题 ………………………………………………………………… 9

第 2 章

网络基础概念 ……………………………………………… 10

2.1　MAC 地址 ……………………………………………………………… 10
2.2　IP 地址 ………………………………………………………………… 11
2.3　子网掩码 ………………………………………………………………… 12
2.4　端口 ……………………………………………………………………… 13
2.5　本章小结 ………………………………………………………………… 14
2.6　本章习题 ………………………………………………………………… 14

第 2 部分　网络编程

第 3 章

套接字 ……………………………………………………… 16

- 3.1 套接字地址结构 ... 16
- 3.2 字节序 ... 18
- 3.3 网络通信地址转换函数 ... 20
- 3.4 解析器函数 ... 21
- 3.5 本章小结 ... 27
- 3.6 本章习题 ... 27

第 4 章

TCP 编程 ... 28

- 4.1 TCP 概述 ... 28
  - 4.1.1 TCP 的三个特性 ... 28
  - 4.1.2 TCP 报文首部解析 ... 29
- 4.2 TCP 连接的建立及断开 ... 31
  - 4.2.1 TCP 建立连接——三次握手 ... 31
  - 4.2.2 TCP 断开连接——四次挥手 ... 31
- 4.3 TCP 网络编程 ... 32
  - 4.3.1 基本条件 ... 32
  - 4.3.2 基本流程 ... 32
  - 4.3.3 基本函数 ... 33
- 4.4 TCP 服务器并发 ... 41
  - 4.4.1 进程 ... 41
  - 4.4.2 线程 ... 44
  - 4.4.3 select ... 48
  - 4.4.4 epoll ... 53
- 4.5 HTTP 通信 ... 58
  - 4.5.1 Web 服务器 ... 58
  - 4.5.2 HTTP ... 58
  - 4.5.3 HTTP 通信流程 ... 59
  - 4.5.4 HTTP 报文解析 ... 59
- 4.6 网络抓包工具 ... 61
  - 4.6.1 报文抓取方法 ... 61
  - 4.6.2 色彩标识 ... 63
  - 4.6.3 过滤报文 ... 64
  - 4.6.4 使用 Wireshark 工具分析报文 ... 66
- 4.7 本章小结 ... 70

4.8 本章练习 70

第 5 章

UDP 编程 71

5.1 UDP 概述 71
5.1.1 UDP 的主要特点 71
5.1.2 UDP 报文首部解析 72
5.1.3 UDP 端口的复用及分用 72
5.2 UDP 网络编程 73
5.2.1 UDP 通信流程建立 73
5.2.2 编程函数 74
5.3 TFTP 79
5.3.1 TFTP 概述 79
5.3.2 TFTP 报文分析 80
5.3.3 TFTP 通信流程 82
5.4 广播 84
5.4.1 广播协议 84
5.4.2 广播地址 84
5.4.3 广播编程 85
5.5 多播 87
5.5.1 多播地址 87
5.5.2 多播编程 87
5.6 本章小结 90
5.7 本章习题 90

第 6 章

网络通信 91

6.1 网络搭建工具 91
6.2 交换机通信 95
6.2.1 交换机概述 95
6.2.2 交换机种类 96
6.2.3 交换机组网 97
6.3 路由器通信 98
6.3.1 路由器概述 98

6.3.2 路由器组网 98
6.4 本章小结 99
6.5 本章练习 99

第 7 章

防火墙 100

7.1 防火墙概述 100
7.2 防火墙网络布线结构 101
7.3 防火墙的局限性 103
7.4 iptables 工具 103
7.5 本章小结 109
7.6 本章习题 109

第 8 章

原始套接字 110

8.1 原始套接字概述 110
8.2 创建原始套接字 111
    8.2.1 链路层原始套接字 112
    8.2.2 网际层原始套接字 116
8.3 网卡工作模式 122
8.4 原始数据包分析 123
8.5 本章小结 124
8.6 本章习题 124

第 3 部分　编程实践

第 9 章

飞鸽传书项目 126

9.1 飞鸽传书概述 126
9.2 IPMsg 简介 126
9.3 项目介绍 128
9.4 项目实施 131

第 10 章

路由器项目 ·· 161

10.1 路由器项目概述 ··· 161
10.2 路由器功能简介 ··· 161
10.3 项目分析 ·· 162
10.4 项目实施 ·· 164

参考文献 ·· 172

第 1 部分

网络基础

第 1 章
网络概述

网络又称计算机网络，可以快速传输信息，已成为信息社会的生命线、经济发展的重要基础，对人们的生活和社会发展产生了巨大的影响。

本章内容是全书的概要，是学习 Linux 网络编程的基础，首先介绍计算机网络的概念、发展及类别，然后介绍了计算机网络的性能指标，最后讲述了计算机网络体系结构和计算机网络协议。

本章重要内容：
（1）计算机网络的类别；
（2）计算机网络的性能指标；
（3）计算机网络体系结构。

1.1 计算机网络的概念、发展及类别

1.1.1 计算机网络的概念

目前，计算机网络的概念并未被精准定义。

广义来讲，计算机网络包括计算机和网络两部分。计算机并不限于一般的计算机，而是包括了智能手机等电子设备。网络是使用物理链路连接隔离的工作站或主机而形成的数据链路，可以实现资源的共享和通信。计算机网络由若干结点（即计算机、集线器、交换机或路由器等电子设备）和连接这些结点的链路组成。计算机网络之间通过路由器的连接，构成更大范围的计算机网络，也称为 Internet。因此 Internet 是"计算机网络的网络"。

1.1.2 计算机网络的发展

自 20 世纪 90 年代以后，以 Internet 为代表的计算机网络得到了飞速的发展，已经从最初仅供美国人使用的免费教育科研网络发展为供全球使用的商业网络，成为全球最大的、最重要的计算机网络。

Internet 的中文译名并不统一，现有译名有两种：因特网和互联网。本书将 Internet 译为互联网。互联网基础结构的形成大体上经历了三个阶段的演进，这三个阶段在时间划分上并非截然分开，而是有部分重叠，因为网络的演进是逐渐形成而非突发形成的。

第一个阶段是从单个网络 ARPANET 向互联网发展的过程。1969 年，美国国防高级研究计划局（Advanced Research Projects Agency, ARPA）创建了第一个分组交换网——ARPANET（ARPA Network，阿帕网），ARPANET 只是一个单个的分组交换网，所有想连接在 ARPANET 上面的主机

都直接与临近的结点交换机相连。20世纪70年代中期，人们认识到仅使用一个单独的网络无法满足所有通信需求，于是ARPA开始研究很多网络互连技术，促使了后来互联网络的出现，即是现今互联网的雏形。1983年，TCP/IP成为ARPANET上的标准协议，所有使用TCP/IP的计算机都能通过互联网相互通信。1990年，ARPANET正式宣布关闭，因为它的实验任务已经完成。

第二阶段是建立了三级结构的互联网。1985年起，美国国家科学基金会（National Science Foundation，NSF）认识到计算机网络对科学研究的重要性，围绕六个大型计算机中心建设了计算机网络NSFnet（国家科学基金网），它是三级计算机网络，分为主干网、地区网、校园网（或企业网）。1991年，NSF和美国的其他政府机构认识到互联网必须扩大使用范围，不应仅限于大学和研究机构，于是美国政府决定将互联网的主干网转交给私人公司来经营，对接入互联网的单位收费，互联网开始走向商业化。

第三阶段是形成了多层次ISP结构的互联网。从1993年开始，美国政府资助的NSFnet逐渐被若干个商用的互联网主干网替代，这种主干网的提供者称为互联网服务提供者（Internet Service Provider，ISP）。考虑到互联网商用后可能出现很多ISP，为了使不同ISP经营的网络互通，1994年，美国的4个电信公司分别创建并经营了4个网络接入点（Network Access Point，NAP）。NAP向不同的ISP提供交换设备，使它们相互通信。此时的互联网结构大致可分为五个接入级——网络接入点，多个公司经营的国家主干网，地区ISP，本地ISP，校园网、企业或家庭计算机联网用户。

1.1.3　计算机网络的类别

计算机网络有多种类别，按照作用范围可进行如下分类。

1. 局域网

随着计算机网络技术的发展和提高，局域网（Local Area Network，LAN）得到充分的应用和普及，几乎每个单位都有自己的局域网，家庭中也有自己的小型局域网。局域网一般用微型计算机或工作站通过高速通信线路连接，地理上局限在较小的范围（如1km左右）内。其在计算机数量配置上没有太多的限制，少的可以只有两台计算机，多的可达几百台。

局域网中主要含有如下两种常用网络。

（1）以太网

以太网（Ethernet）是一种计算机局域网技术，通过介质来传输数据，包括双绞线和同轴电缆；遵循IEEE 802.3标准。

（2）无线局域网

无线局域网（Wireless Local Area Network，WLAN）是一种局域网通信技术，其与传统的局域网的不同之处在于传输介质，传统局域网通过有形的传输介质进行连接，无线局域网采用空气作为传输介质。无线局域网采用IEEE 802.11系列标准，这一系列主要有4个标准，分别为802.11b（ISM 2.4GHz）、802.11a（5GHz）、802.11g（ISM 2.4GHz）和802.11z。

2. 城域网

城域网（Metropolitan Area Network，MAN）是指在一个城市连接不同地区的网络，连接距离可以在10~100km内，采用IEEE 802.6标准。城域网与局域网相比扩展的距离更长，连接的计算机数量更多，在地理范围上可以说是局域网的延伸。在一个大型城市或都市，一个城域网通常连接着多个局域网，如连接政府机构的局域网、医院的局域网、电信的局域网、公司企业的局域网等。光纤连接的引入使高速的局域网互连成为可能。

3. 广域网

广域网（Wide Area Network，WAN）也称为远程网，所覆盖的范围比城域网更广，它一般由不同城市之间的局域网或者城域网互连而成，地理范围可从几百千米到几千千米。广域网覆盖范围较广，信息衰减比较严重，所以这种网络需要租用专线，通过接口信息处理协议和线路连接起来，构成网状结构的网络。

4. 区域网

区域网（Personal Area Network，PAN）就是在个人工作的地方把属于个人使用的电子设备（如便携式计算机、手机等）用无线技术连接起来形成的网络，常称为无线个人区域网（Wireless PAN，WPAN），其范围很小，一般在 10m 左右。

1.2 计算机网络的性能

计算机网络的性能一般用网络环境的性能指标来描述，可以从以下几个不同的方面来度量计算机网络的性能。

1. 速率

计算机网络的速率是指数据传输的速率，即每秒传输的比特数量（单位为 bit/s），也称为数据率或比特率。速率是计算机的一个重要性能指标，如果速率很高，一般使用 k、M、G、T、P、E、Z 等字符加在 bit/s 单位前面描述传输速率的倍率。

2. 带宽

在计算机网络中，带宽用于表示网络通信线路传输数据的能力，表示在网络上从一个点传递到另一个点的"最高数据速率"。这种意义上的带宽单位是 bit/s。

3. 吞吐量

吞吐量是指单位时间内通过网络或链路的数据量，是实际通过网络传输的数据量。吞吐量受网络带宽或网络额定速率的限制，例如，1 Gbit/s 以太网，额定速率为 1 Gbit/s，是绝对最大值，吞吐量实际可能为 100 Mbit/s 甚至更低，并不会达到其额定速率。吞吐量还可以用每秒传送的字节数或帧数来表示。

4. 时延

时延是指数据（一个报文、分组或比特）从网络或链路的一端传输到另一端所花费的时间。时延是一个非常重要的性能指标，也称为延迟。

（1）发送时延：指主机或路由器传输数据帧所需的时间，即从开始传输数据帧的第一位到帧的最后一位传输完成所用的时间。发送时延也称为传输延迟，计算公式为

$$发送时延 = \frac{数据帧长度（bit）}{发送速率（bit/s）}$$

网络中，发送时延不是固定的，与发送的帧长度（比特）成正比，与发送速率成反比。

（2）传播时延：指电磁波在信道上传播一定距离所需的时间。计算传播时延的公式是

$$传播时延 = \frac{信道长度（m）}{电磁波在信道上的传播速率（m/s）}$$

电磁波在自由空间的传播速率是光速，在网络传输介质中的传播速率比在自由空间传输的速率略低。

5. 时延带宽积

传播时延和带宽相乘，就得到另一个很有用的度量——时延带宽积，即

$$时延带宽积 = 传播时延 \times 带宽$$

6. 往返时间

在计算机网络中，往返时间也是一个重要的性能指标，表示从发送方发送数据开始，到发送方收到来自接收方的确认数据结束（假设接收方收到数据后便立即发送确认）总共经历的时间。例如，A 向 B 发送数据，如果数据长度是 100MB，发送速率是 100Mbit/s，那么

$$\text{往返时间} = \frac{\text{数据长度}}{\text{发送速率}} = \frac{100 \times 2^{20} \times 8}{100 \times 10^6}$$

在计算机网络中，往返时间还包括中间结点的处理时延、排队时延及转发数据时的发送时延。

7. 利用率

利用率分为信道利用率和网络利用率两种。信道利用率指某信道有百分之几的时间是被利用的（有数据通过），完全空闲的信道利用率是零。网络利用率是全网络信道利用率的加权平均值。信道利用率并非越高越好，根据排队论，当某信道的利用率增大时，该信道引起的时延也会迅速增加。当网络的通信量很少时，网络产生的时延并不大；但在网络通信量不断增大的情况下，由于分组在网络结点（路由器或结点交换机）进行处理时需要排队等候，因此网络引起的时延就会增大。如果令 D_0 表示网络空闲时的时延，D 表示网络当前的时延，那么在适当的假定条件下，D、D_0 和利用率 U 之间的关系如下。

$$D = \frac{D_0}{1-U}$$

这里 U 的取值范围为 0 到 1。当网络利用率达到 1/2 时，延迟加倍。需要特别注意的是，当网络利用率接近最大值 1 时，网络时延会趋近于无穷大。

1.3 计算机网络体系结构

计算机网络是一个非常复杂的系统，简单的两台计算机系统要高度协调才能正常工作，而这种"协调"是相当复杂的。

计算机网络中要做到协调、有条不紊地交换数据，就必须遵守事先约定好的规则。这些规则明确规定了所交换的数据的格式以及有关的数据传输问题。这些为进行网络数据传输而建立的规则、标准或约定称为网络协议（Network Protocol），简称协议。网络协议主要由以下 3 个要素组成。

① 语法，即数据与控制信息的结构或格式。

② 语义，表明需要发出何种控制信息、完成何种动作及做出何种响应。

③ 同步，即事件实现顺序的详细说明。

为了减少网络协议设计的复杂性，网络设计者并不是设计一个单一、巨大的协议来为所有形式的通信规定完整的细节，而是采用了把通信问题划分为许多个小问题，为每个小问题设计一个单独协议的方法，这样做使得每个协议的设计、分析、编码和测试都比较容易。分层模型是一种用于开发网络协议的设计方法，本质上，分层模型把通信问题分为几个小问题（称为层次），使每个小问题对应于一层。分层可以带来如下许多好处。

① 各层之间是独立的。某一层并不需要知道它的下一层是如何实现的，仅需要知道该层通过层间接口提供相应服务。由于每一层只实现一种相对独立的功能，因而可将一个难以处理的复杂问题分解为若干较容易处理的小问题，这样，整个问题的复杂程度就下降了。

② 灵活性好。无论哪一层发生变化（如技术性变化），只要层间接口关系保持不变，这层以上或以下各层均不受影响。此外，对某一层提供的服务还可单独进行修改，例如，当某层提供的服务不再需要时，可以将这层取消。

③ 结构上可分隔开。各层都可以采用最合适的技术来实现。

④ 易于实现和维护。这种结构使得实现和调试一个庞大而又复杂的系统变得易于处理，因为整个系统已被分解为若干个相对独立的子系统。

⑤ 能促进标准化工作。这种结构使得每一层的功能及其所提供的服务都有了精确的说明。

计算机网络的体系结构是计算机网络的各层及其协议的集合，基于分层模型的原理，计算机网络体系结构可分为开放系统互连（Open System Interconnection，OSI）七层协议体系结构、TCP/IP 四层体系结构、五层协议体系结构,如图1-1所示。五层协议体系结构综合了前两种体系结构的优点,这里不做单独介绍。

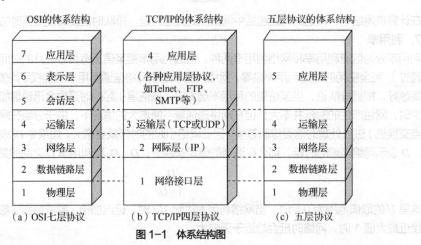

图1-1 体系结构图

1. OSI 七层协议体系结构

国际标准化组织(International Organization for Standardization,ISO)在1979年建立了一个分委员会,专门研究一种用于开放系统的体系结构,提出了开放系统互连模型。这是一个定义连接异种计算机的标准体系结构,采用了分层的结构化技术,共七层,由下到上依次为物理层、数据链路层、网络层、运输层、会话层、表示层、应用层。

OSI 参考模型具有如下特性。

① 它是一种异构系统互连的分层结构。

② 提供了控制互连系统交互规则的标准骨架。

③ 定义了一种抽象结构。

④ 不同系统中相同层的实体为同等层实体,同等层实体之间的通信由该层的协议管理。

⑤ 层间的接口定义了原子操作和低层向上层提供的服务。

⑥ 所提供的公共服务是面向连接的或面向无连接的数据服务。

⑦ 数据传输仅在最底层实现。

⑧ 每层完成所定义的功能,修改本层的功能并不影响其他层。

(1)应用层

应用层是 OSI 体系结构的最高层,任务是通过应用进程的交互来完成特定的网络应用。应用层协议定义的是应用进程间通信和交互的规则,进程是指主机中正在运行的程序。不同的网络应用需要有不同的应用层协议,应用层协议有很多,如域名解析协议、支持万维网应用的超文本传输协议(Hyper Text Transfer Protocol,HTTP)、文件传输协议(File Transfer Protocol,FTP)、简单文件传输协议(Trivial File Transfer Protocol,TFTP)等。

(2)表示层

表示层的主要功能是定义数据格式及加密。例如,FTP 允许数据以二进制或 ASCII 格式传输,如果选择二进制,则发送方和接收方不需改变文件的内容;如果选择 ASCII 格式,则发送方将把文本从字符集转换成标准的 ASCII 后发送数据,接收方再将标准的 ASCII 转换成接收方计算机的字符集。

(3)会话层

会话层定义了如何开始、控制和结束一个会话,包括对多个双向消息的控制和管理,以便在只完成连续信息的一部分时可以通知应用程序,使表示层看到的数据是连续的。在某些情况下,如果表示层收到了所有数据，则用数据代表表示层。

（4）运输层

运输层（又称传输层）的任务是向两台主机之间的进程通信提供通用的数据传输服务，应用进程利用该服务传送应用层报文。所谓"通用的"，是指并不针对某个特定网络应用，而是多重应用可以使用同一个运输层服务。一台主机可同时运行多个进程，因此运输层有复用和分用的功能。

运输层在终端用户之间提供透明的数据传输，向上层提供可靠的数据传输服务。运输层在给定的链路上通过流量控制、分段、重组和差错控制保证数据传输的可靠性。一些协议是面向连接的，意味着运输层能保持对分段的跟踪，并且重传那些失败的分段，如传输控制协议（Transmission Control Protocol，TCP）、用户数据报协议（User Datagram Protocol，UDP）。

（5）网络层

网络层定义了端到端数据包传输，定义了能够标识所有结点的逻辑地址，还定义了路由实现的方式和学习的方式。为了适应最大传输单元长度小于包长度的传输介质，网络层还定义了如何将一个包分解成更小的包的分段方法，如互联网协议（Internet Protocol，IP）、互联网分组交换协议（Internet work Packet Exchange protocol，IPX）等。

（6）数据链路层

数据链路层定义了在单个链路上如何传输数据。该层协议和各种传输介质有关。

（7）物理层

OSI 体系结构的物理层是计算机网络 OSI 参考模型中的最底层，面向实际承担数据传输的物理媒介，即通信通道。实际的比特传输必须依赖传输设备和物理媒介，但是物理层不是指具体的物理设备，也不是指传输信号的物理媒介，而是在物理媒介之上为数据链路层提供一个传输原始比特流的物理连接。物理层定义为传输数据所需要的物理链路的创建、维持、拆除，而提供具有机械的、电子的、功能的和规范的特性。简单地说，物理层的作用就是确保原始的数据可在各种物理媒介上传输。

2. TCP/IP 四层协议体系结构

TCP/IP 协议族是 ARPANET 和其后继互联网使用的协议体系。

TCP/IP 四层协议体系结构分为应用层、运输层、网际层和网络接口层四个层次。

在 TCP/IP 四层协议体系结构中不包含 OSI 参考模型中的会话层和表示层，这两层的功能被合并到应用层实现，并将 OSI 参考模型中的数据链路层和物理层合并为主机到网络层。

（1）应用层

应用层面向不同的网络应用引入不同的应用层协议，其中，有基于 TCP 的协议，如 FTP、虚拟终端协议（Virtual Termind Protocol，VTP）、HTTP；也有基于 UDP 的协议。

（2）运输层

在 TCP/IP 四层协议体系结构中，运输层（又称传输层）的功能是使源端主机和目的端主机上的对等实体可以进行会话，定义了两种服务质量不同的协议，即 TCP 和 UDP。

TCP 是一个面向连接的、可靠的协议，它将一台主机发出的字节流无差错地发往其他主机。在发送端，它负责把上层传送下来的字节流分成报文段并传递给下层。在接收端，它负责把收到的报文重组后递交给上层。TCP 还要处理端到端的流量控制，避免缓慢接收的接收方没有足够的缓冲区接收发送方发送来的大量数据。

UDP 是一个不可靠的、面向无连接的协议，主要适用于不需要对报文进行排序和流量控制的场合。

（3）网际层

网际层是整个 TCP/IP 协议体系结构的核心，它的功能是把分组发往目的网络或主机。为了尽快地发送分组，可能会沿不同的路径同时进行分组传递，因此，分组到达的顺序和发送的顺序可能不同，这就需要上层必须对分组进行排序。

网际层定义了分组格式和协议，即 IP。

除了需要完成路由的功能，网际层也需要完成将不同类型的网络（异构网）互连的任务。此外，网际层还需要具有拥塞控制的功能。

（4）网络接口层

实际上，TCP/IP 四层协议体系结构没有真正描述网络接口层的实现，只是要求能够提供给网际层一个访问接口，以便在网络接口上传递 IP 分组。由于未被定义，所以该层具体的实现方法将随着网络类型的不同而不同。

1.4 计算机网络协议

TCP/IP 是当今互联网最基础的网络协议，可以为各式各样的应用提供服务，同时允许 IP 在各式各样的计算机网络构成的互联网上运行。没有 TCP/IP，不可能实现上网功能，任何与互联网有关的操作都离不开 TCP/IP，TCP/IP 协议族主要包括 TCP、UDP、IP。

从图 1-2 中不难看出在 TCP/IP 四层体系结构中，TCP、UDP、IP 具有核心作用，本书将重点讲解 TCP 和 UDP 所在的运输层，对于 IP 所在的网际层不做详细介绍。

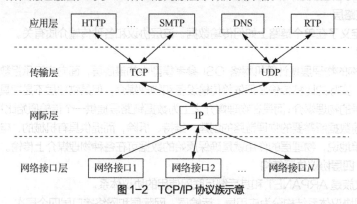

图 1-2 TCP/IP 协议族示意

运输层位于 OSI 参考模型和 TCP/IP 协议体系结构的中间，具有承上启下的核心作用，是体系结构中最重要、最关键的一层，是唯一负责数据传输和数据控制的一层。运输层提供端到端的数据交换机制，向上对应用层提供传输服务，向下对网际层提供可靠的目的站点信息。

运输层提供了面向无连接的数据传输服务（UDP）和面向连接的数据传输服务（TCP）两种形式的服务。

在计算机网络中，运输层提供了应用进程之间的端到端连接，把一个数据包从一个主机发送到另一个主机。一台计算机可能有多个进程同时使用网络连接，网络数据包到达主机之后，需要依靠运输层区分网络数据包属于哪个进程，TCP/IP 应用程序接口（Application Programming Interface，API），即 Socket（套接字）接口实现了网络上应用程序之间的通信。

20 世纪 70 年代中期，美国国防高级研究计划署（Defense Advanced Research Projects Agency，DARPA）将 TCP/IP 的软件提供给加利福尼亚大学 Berkeley 分校后，TCP/IP 很快被集成到 UNIX 操作系统中。伴随 UNIX 操作系统的快速发展，Socket 接口成为 TCP/IP 最为通用的 API，也成为了在 Internet 上进行应用开发最为通用的 API。应用程序在网络上的数据传输通过 Socket 接口来实现端到端的连接，即套接字到套接字的连接，所以在应用开发中可以对 Socket 进行读、写操作，完成数据的传输。

Socket（套接字）有如下 3 种主要类型。

① 字节流套接字（Stream Socket），这是最常用的套接字类型，TCP/IP 协议族中的 TCP 使用此类接口。字节流套接字接口提供面向连接的、无差错的、发送先后顺序一致的、无记录边界的、非重

复的网络数据包传输。

② 数据报套接字（Datagram Socket），TCP/IP 协议族中的 UDP 使用此类接口，提供面向无连接的服务，它以独立的数据包进行网络传输，数据报最大长度为 32KB；传输不保证顺序性、可靠性和无重复性，通常用于单个报文传输或可靠性不重要的场合。

③ 原始数据报套接字（Raw Socket），提供对网际层通信协议（如 IP）的直接访问，不能直接提供给普通用户，主要用于开发新协议或提取协议较隐蔽的信息。

1.5 本章小结

1.1 节简单介绍了计算机网络的概念、发展及类别，概念和发展作为背景知识简单了解即可，但是要清楚计算机网络的类别，包括局域网、城域网、广域网、区域网。1.2 节介绍了关于计算机网络性能的 7 个重要性能指标，包括速率、带宽、吞吐量、时延、时延带宽积、往返时间及利用率。1.3 节是本章要熟练掌握的知识点，介绍了七层协议、四层协议和五层协议体系结构，应掌握不同结构中每层的特点和作用。1.4 节是后续章节内容的铺垫，简单了解即可，需要了解常用的 Socket 类型，包括字节流套接字、数据报套接字、原始数据报套接字 3 种。

1.6 本章习题

（1）计算机网络类别包含哪几种？
（2）OSI 七层体系结构包含哪几层？
（3）Socket 主要包含哪 3 种？

第 2 章
网络基础概念

计算机网络由众多网络设备连接而成,在整个网络内实现数据的传输,首先要在庞大的计算机网络中寻找到目的设备,最关键的就是需要对源设备进行标识,便于目的设备收到数据后向源设备发送数据。

本章内容是学习 Linux 网络编程的必备知识,主要包括 MAC 地址、IP 地址、子网掩码和端口的应用。

本章主要内容:
(1) MAC 地址;
(2) IP 地址的分类及 IP 地址的表示方法;
(3) 子网掩码的作用;
(4) 端口的作用和端口号分类。

2.1 MAC 地址

介质访问控制(Media Access Control,MAC)地址也称硬件地址,长度是 48 位(6 字节),由十六进制的数字组成,分为前 24 位和后 24 位。前 24 位称为组织唯一标志符(Organizationally Unique Identifier,OUI),是由 IEEE 的注册管理机构分配给厂家的代码,用来区分不同的厂家;后 24 位是由厂家自己分配的代码,称为扩展标识符。同一厂家生产的网卡 MAC 地址的后 24 位是不同的。

在 Linux 操作系统下,可以使用"ifconfig"命令查询 MAC 地址,如图 2-1 所示。

图 2-1 查询 MAC 地址

MAC地址应用于OSI参考模型的第二层——数据链路层。工作在数据链路层的设备维护着大量计算机的MAC地址和设备自身的端口号，设备根据收到的数据包中的"目的MAC地址"字段来转发数据包。

2.2 IP地址

IP地址是IP提供的一种统一的地址格式，它为互联网上的每一个网络和每一台主机分配一个逻辑地址，以此来屏蔽物理地址的差异。

IP地址可以看作互联网上计算机的一个编号，每台联网的计算机上都需要有这个编号才能正常通信。如果把"个人计算机"比作"电话"，那么"IP地址"就相当于"电话号码"，而互联网中的"路由器"就相当于电信局的"程控式交换机"。

IP地址分为IPv4与IPv6两类，IPv4地址资源有限，严重制约了互联网的应用和发展；IPv6使网络地址资源有限的问题得以有效解决。下面介绍IPv4地址的分类、表示方法和IPv6地址的表示方法。

1. IPv4地址

IPv4地址是一个32位的二进制数，通常分隔为4个8位二进制数（即4字节）。IPv4地址通常用点分十进制表示成a.b.c.d的形式，其中a、b、c、d都是0~255内的十进制整数。例如，点分十进制IP地址100.4.5.6实际上是32位二进制数01100100.00000100.00000101.00000110。

在Linux操作系统下，可以使用"ifconfig"命令查询IPv4地址，如图2-2所示。

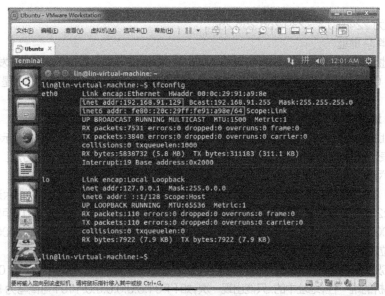

图2-2 查询IP地址

IPv4地址编址方案将IP地址空间划分为A、B、C、D、E五类，其中A、B、C是基本类，D、E类作为多播和保留使用。

（1）A类IP地址

一个A类IP地址由1字节的网络地址和3字节的主机地址组成，网络地址的最高位必须为0，地址为1.0.0.1~126.255.255.254（二进制表示为 00000001.00000000.00000000.00000001~01111110.11111111.11111111.11111110）。可用的A类网络有126个，每个网络能容纳16777214台主机。

A类地址的私有地址和保留地址为10.0.0.0~10.255.255.255。

（2）B 类 IP 地址

一个 B 类 IP 地址由 2 字节的网络地址和 2 字节的主机地址组成，网络地址的最高两位在二进制数值中必须是 10，地址为 128.0.0.1～191.255.255.254（二进制表示为 10000000.00000001.00000000.00000001～10111111.11111111.11111111.11111110）。可用的 B 类网络有 16384 个，每个网络能容纳 65534 台主机。

B 类地址的私有地址为 172.16.0.0～172.31.255.255，保留地址为 169.254.0.0～169.254.255.255。

如果计算机是自动获取 IP 地址的，而网络中又没有找到可用的 DHCP 服务器，则这里获取的 IP 地址将是从 169.254.0.0～169.254.255.255 中临时获得的一个 IP 地址。

（3）C 类 IP 地址

一个 C 类 IP 地址由 3 字节的网络地址和 1 字节的主机地址组成，网络地址的最高三位在二进制数值中必须是 110，地址为 192.0.0.1～223.255.255.254（二进制表示为 11000000.00000000.00000001.00000001～11011111.11111111.11111111.11111110）。可用的 C 类网络达 2097150 个，每个网络能容纳 254 台主机。

C 类地址的私有地址为 192.168.0.0～192.168.255.255。

（4）D 类 IP 地址

D 类 IP 地址第一个字节的二进制表示以 1110 开始，它是一个专门的保留地址，并不指向特定的网络。目前，这一类地址被用在多点广播中，可以一次寻址一组计算机，标识共享同一协议的一组计算机。

D 类地址为 224.0.0.1～239.255.255.254。

（5）E 类 IP 地址

E 类 IP 地址第一个字节的二进制表示以 1111 开始，为将来保留，仅用于实验和开发。

全零地址 0.0.0.0 标识任意网络。二进制为全 1 的 IP 地址（255.255.255.255）是当前子网的广播地址。

2．IPv6 地址

IPv6 地址的长度为 128 位，是 IPv4 地址长度的 4 倍。IPv4 地址的点分十进制表示格式不适用于 IPv6 地址的表示，IPv6 地址采用十六进制表示，如图 2-2 所示，有如下 3 种表示方法。

（1）十六进制表示法

其格式为 X:X:X:X:X:X:X:X，其中每个 X 代表 IPv6 地址中的 16 位数，以十六进制表示，如 ABCD:EF01:2345:6789:ABCD:EF01:2345:6789。这种表示法中，每个 X 的前导 0 是可以省略的，如 2001:0DB8:0000:0023:0008:0800:200C:417A 可以简写为 2001:DB8:0:23:8:800:200C:417A。

（2）0 位压缩表示法

在某些情况下，一个 IPv6 地址中间可能包含很长的一段 0，此时可以把连续的一段 0 压缩为::。但为保证地址解析的唯一性，地址中的::只能出现一次，如 FF01:0:0:0:0:0:0:1101 可简写为 FF01::1101，0:0:0:0:0:0:0:1 可简写为::1，0:0:0:0:0:0:0:0 可简写为::。

（3）内嵌 IPv4 地址表示法

为了实现 IPv4 与 IPv6 的互通，IPv4 地址会嵌入 IPv6 地址，常表示为 X:X:X:X:X:X:d.d.d.d，前 96 位数采用十六进制表示，后 32 位数使用 IPv4 的点分十进制表示，如::192.168.0.1 与::FFFF:192.168.0.1 就是两个典型的地址，注意，在前 96 位数中 0 位压缩的表示方法依旧适用。

2.3 子网掩码

子网掩码又称网络掩码、地址掩码或子网络遮罩。计算机除了需要 IP 地址外，还需要知道有多少位标识主机号及多少位标识子网号。这要求子网掩码不能单独存在，需要结合 IP 地址一起使用，将某个 IP 地址划分成网络地址和主机地址两部分。子网掩码只针对 IPv4 地址，IPv6 地址没有子网掩码。

子网掩码是一个 32 位的地址，用于屏蔽 IP 地址中网络地址的"全 1"部分，以区别网络号和主机号，用来说明该 IP 地址是在局域网上还是在广域网上。对于 A 类地址，默认的子网掩码是 255.0.0.0；对于 B 类地址，默认的子网掩码是 255.255.0.0；对于 C 类地址，默认的子网掩码是 255.255.255.0。

在 Linux 操作系统下，可以使用 "ifconfig" 命令查询子网掩码，如图 2-3 所示。

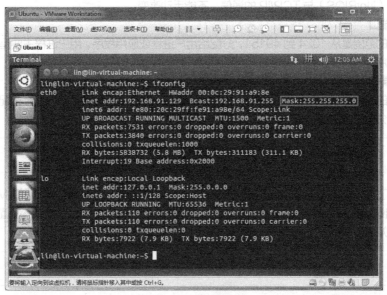

图 2-3 查询子网掩码

2.4 端口

端口包括物理端口和逻辑端口。物理端口是用于连接物理设备的接口，逻辑端口是逻辑上用于区分服务的端口。TCP/IP 体系结构中的端口是本节重点介绍的逻辑端口。

如果把 IP 地址比作一间房子，端口就是出入这间房子的门。真正的房子只有几个门，但是一个 IP 地址的端口可以有 65536（即 2^{16}）个。端口是通过端口号来标记的，端口号只能是整数，范围是 0～65535（$2^{16}-1$）。

Linux 操作系统会给那些有需求的进程分配 IP 地址和端口，每个端口由一个正整数标识，如 80、139、445 等。在互联网上，各主机间根据 TCP/IP 发送和接收数据包，数据包根据其目的主机 IP 地址选择路由器被传送到目的主机。当目的主机接收到数据包后，根据数据包中的目的端口号把数据发送到目的端口进行处理。

在 Linux 操作系统中可将端口看作队列，Linux 操作系统为各个进程分配了不同的队列，数据包按照目的端口被推入相应的队列中，等待被进程取用，在极特殊的情况下，这个队列有可能会溢出，不过 Linux 操作系统允许各进程指定或调整队列的大小。

TCP 和 UDP 两个协议是相互独立的，各自的端口号也相互独立，例如，TCP 有 235 端口，UDP 也可以有 235 端口，两者互不冲突。网络中可将端口分为如下 3 种。

1. 周知端口

周知端口有众所周知的端口号，范围从 0 到 1023，其中 80 端口号分配给 WWW 服务，21 端口号分配给 FTP 服务，等等。在 IE 的地址栏中输入一个网址时不必指定端口号，因为默认情况下 WWW 服务的端口号就是 80。

WWW 服务也可以使用其他端口号，如果不是默认的端口号，则应该在地址栏中指定端口号，方法是在地址后面加上冒号，再加上端口号。例如，使用 8080 作为 WWW 服务的端口，则需要在地址栏中输入"网址:8080"。

但是有些系统协议使用固定的端口号，这个端口号是不能改变的，例如，139 端口专用于网络基本输入输出系统（NetBIOS）与 TCP/IP 的通信，不能手动改变。

2. 注册端口

注册端口的范围是从 1024 到 49151，分配给用户进程或应用程序。用户进程主要是用户选择安装的一些应用程序，不是分配周知端口的常用程序。

3. 动态端口

动态端口的范围是从 49152 到 65535。之所以称为动态端口，是因为它不固定分配某种服务端口号，而是动态分配服务端口号。

2.5 本章小结

本章介绍了 MAC 地址、IP 地址、子网掩码和端口的相关概念。读者需要重点掌握 MAC 地址的概念，IP 地址和端口的分类、作用及表示方法，子网掩码的分类。在后续的编程和网络设置中将经常接触到本章介绍的知识点。

2.6 本章习题

（1）MAC 地址是由多少位组成的？
（2）IP 地址编址方案将 IP 地址空间划分为几类？其区别是什么？
（3）子网掩码由多少位组成，有什么特点？
（4）周知端口、注册端口、动态端口的取值范围各是多少？

第 2 部分

网络编程

第 3 章 套接字

套接字是网络通信过程中端点的抽象表示,套接字中包含进行网络通信必需的 5 个信息,即连接使用的协议、本地主机的 IP 地址、本地进程的协议端口、远端主机的 IP 地址、远端进程的协议端口。

本章主要介绍关于套接字的基础知识,其是贯穿全书的常用知识。

本章主要内容:

(1)套接字地址结构;
(2)字节序在网络编程中的使用;
(3)地址转换函数的使用。

3.1 套接字地址结构

通信的过程中要保存连接使用的协议、本地主机的 IP 地址、本地进程的协议端口、远端主机的 IP 地址、远端进程的协议端口等信息,为了更便捷地传输以上信息,出现了套接字地址结构。网络通信过程中,网际层需要考虑的是使用 IPv4 地址协议还是 IPv6 地址协议进行通信,为了方便网际层对协议类型的区分,开发人员开发了一组 Socket 接口函数,以与协议无关的方式使用套接字地址结构实现网络通信。应用层将通信时使用的协议、IP 地址和端口等信息进行封装,并保存到不区分协议类型的通用套接字地址结构体中传送到运输层。

套接字地址结构中封装的通信一方的地址及端口等信息在应用程序及内核之间进行传递,为建立 Socket 通信提供必要的信息。这里主要介绍 3 种套接字地址结构,分别是 IPv4 套接字地址结构、IPv6 套接字地址结构、通用套接字地址结构,通信使用时会将 IPv4 和 IPv6 的套接字地址结构封装到通用套接字地址结构中。

1. IPv4 套接字地址结构

以 sockaddr_in 命名的 IPv4 套接字地址结构用于存放使用 IPv4 地址进行通信的地址、端口、协议类型等信息,这些信息要在应用程序中保存起来,在运输层进行封装,再发送到网际层封装报文头信息。sockaddr_in 结构体定义在头文件<netinet/in.h>中,代码结构如下,其中,in_addr 结构体用来封装 IPv4 地址。

```
struct in_addr {
        in_addr_t         s_addr;
};
struct sockaddr_in {
        uint8_t           sin_len;
```

```
        sa_family_t        sin_family;
        in_port_t          sin_port;
        struct in_addr     sin_addr;
        char               sin_zero[8];
};
```

sin_len：表示地址结构的长度，它是一个 8 位的无符号整数。需要强调的是，这个成员并不是地址结构必需的。假如没有这个成员，其所占的一个字节会被并入 sin_family 成员，在传递地址结构的指针时，结构长度需要通过另外的参数来传递。

sin_family：指代的是所用的协议族，在有 sin_len 成员的情况下，它是一个 8 位的无符号整数；在没有 sin_len 成员的情况下，它是一个 16 位的无符号整数。该成员被赋值为 AF_INET，即表示使用 IPv4 地址。

sin_port：表示 TCP 或 UDP 的端口号，是一个 16 位的无符号整数。它是以网络字节顺序（大端字节序）来存储的。

in_addr：用来保存 32 位的 IPv4 地址，并使用网络字节顺序来存储。一般端口号被置为大于 1024 的任何一个没有被占用的值，因为 1～1024 是保留端口号。

sin_zero：通常被置为 0，它的存在只是为了使通用套接字地址结构 struct sockaddr 在内存中对齐。

2. IPv6 套接字地址结构

以 sockaddr_in6 命名的 IPv6 套接字地址结构用于存放使用 IPv6 地址进行通信时的地址、端口、协议类型等信息，这些信息要在应用程序中保存起来，在运输层进行封装，再发送到网际层封装报文头信息。sockaddr_in6 结构体定义在头文件<netinet/in.h>中，代码结构如下，其中，in6_addr 结构体用来封装 IPv6 地址。

```
struct in6_addr{
        unit8_t         sa_addr[16];
};
struct sockaddr_in6{
        unit8_t         sin6_len;
        sa_family_t     sin6_family;
        in_port_t       port;
        unit32_t        sin6_flowinfo;
        struct in6_addr sin6_addr;
        unit32_t        sin6_scope_id;
};
```

sin6_len：意思同 IPv4 套接字地址结构中的 sin_len 相同。

sin6_family：IPv6 的地址协议族是"AF_INET6"。

port：表示 TCP 或 UDP 的端口号，它是一个 16 位的无符号整数。它是以网络字节顺序（大端字节序）来存储的。

sin6_flowinfo：用于记录流标记，字段分成两部分，低 20 位是流标记，高 12 位保留。

sin6_scope_id：用于说明 sin6_addr 的作用范围。

3. 通用套接字地址结构

为了使不同格式的地址能传入套接字函数，需要将地址强制转换成通用套接字地址结构，代码结构如下。

```
struct sockaddr {
    uint8_t        salen;
    sa_family_t    sa_family;      /*地址协议族, AF_xxx */
    char           sa_data[14];    /* 14 字节的协议地址*/
}
```

salen：意思同 IPv4 套接字地址结构中的 sin_len。

sa_family：根据要转换的套接字地址结构体类型添加相应的协议。IPv4 的地址协议族是"AF_INET"，IPv6 的地址协议族是"AF_INET6"。

sa_data[14]：存放要转换的套接字地址结构体信息。

IPv4 和 IPv6 地址套接字和通用套接字的区别在于，定义源地址和目的地址结构的时候选用 struct sockaddr_in 还是 struct sockaddr_in6，当调用编程接口函数且该函数需要传入地址结构时，都需要强制转换为 struct sockaddr 通用套接字地址结构。

3.2 字节序

字节序即字节的顺序，是指大于一个字节的数据在内存中的存放顺序（一个字节的数据无须考虑顺序的问题）。不同的 CPU 架构有不同的字节序类型，这些字节存放的顺序叫作主机序。

1. 常见的主机字节序

如图 3-1 所示，常见的主机字节序有如下两种。

（1）小端字节序（Little Endian）：将低位字节数据存储在低地址。

（2）大端字节序（Big Endian）：将高位字节数据存储在低地址。

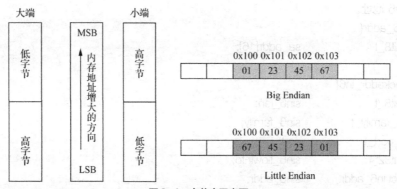

图 3-1 字节序示意图

为便于实现不同主机字节序设备的数据通信，网络协议中规定了传输的字节顺序，即网络字节顺序。它与具体的 CPU 类型、操作系统等无关，可以保证数据在不同主机之间传输时被正确解释。网络字节顺序采用大端字节序排序方式。判断主机字节序示例程序如下。

程序清单 3-1 判断主机字节序

```
#include <stdio.h>
int main(int argc, char *argv[])
{
    union{
        short s;
        char c[sizeof(short)];
```

```
        }un;
        un.s = 0x0102;
        if( (un.c[0] == 1) && (un.c[1] == 2) )
        {
            printf("big endian\n");
        }
        else if( (un.c[0] == 2) && (un.c[1] == 1) )
        {
            printf("little endian\n");
        }
        return 0;
}
```

2. 字节序的特点

（1）网络协议指定了通信字节序为大端字节序。
（2）只有在多字节数据处理时才需要考虑字节序。
（3）运行在同一台计算机上的进程相互通信时不用考虑字节序。
（4）异构计算机之间通信时需要将套接字中的 IP 地址和端口的字节序转换为网络字节序。

3. 网络通信字节序转换函数

既然网络协议制定了一个网络字节序，作为编程人员就必须清楚不同字节序之间的差异。举例来说，在每个 TCP 中都有 16 位的端口号和 32 位的 IPv4 地址，发送协议和接收协议必须就这些多字节字段和各个字节的传送顺序达成一致，因此网络协议规定使用大端字节序来传送这些多字节整数。

以下函数的名称中，h 代表 host，n 代表 network，s 代表 short，l 代表 long，先将 s 视为一个 16 位的值（如 TCP 或 UDP 端口号），把 l 视为一个 32 位的值（如 IPv4 地址）。使用这些函数时不需要关心主机字节序和网络字节序（或为大端，或为小端），只需要调用适当的函数在主机和网络字节序之间进行转换即可。

（1）uint32_t **htonl**(uint32_t hostint32);

① 函数功能：将主机数转换为无符号长整型的网络字节顺序。此函数将一个 32 位数从主机字节序转换成网络字节序。
② 函数参数：hostint32 为待转换的 32 位主机字节序数据。
③ 返回值：成功则返回网络字节序的值。
④ 头文件：#include <arpa/inet.h>。

（2）uint16_t **htons**(uint16_t hostint16);

① 函数功能：将 16 位主机字节序数据转换成网络字节序数据。
② 函数参数：hostint16 为待转换的 16 位主机字节序数据。
③ 返回值：成功则返回网络字节序的值。
④ 头文件：#include <arpa/inet.h>。

（3）uint32_t **ntohl**(uint32_t netint32);

① 函数功能：将 32 位网络字节序数据转换成主机字节序数据。
② 函数参数：netint32 为待转换的 32 位网络字节序数据。
③ 返回值：成功则返回主机字节序的值。
④ 头文件：#include <arpa/inet.h>。

（4）uint16_t **ntohs**(uint16_t netint16);

① 函数功能：将 16 位网络字节序数据转换成主机字节序数据。

② 函数参数：netint16 为待转换的 16 位网络字节序数据。
③ 返回值：成功则返回主机字节序的值。
④ 头文件：#include <arpa/inet.h>。

4. 字节序转换实例

程序清单 3-2　字节序转换函数

```
#include < stdio.h >
#include <arpa/inet.h>
int main(int argc, char *argv[])
{
    int a = 0x01020304;
    short int b = 0x0102;
    printf("htonl(0x%08x) = 0x%08x \n", a ,htonl(a));
    printf("htonl(0x%08x) = 0x%08x \n", b ,htonl(b));
    return 0;
}
```

其运行结果如图 3-2 所示。

```
root@edu-T:~/share/lh/work/net/hton# ./main
htonl(0x01020304) = 0x04030201
htons(0x0102) = 0x0201
```

图 3-2　程序清单 3-2 运行结果

3.3　网络通信地址转换函数

在网络通信中，套接字地址结构中的 IP 地址是无符号整数，因此先要将点分十进制的字符串转换为无符号整数，程序接收到地址后再将无符号整数地址转换为点分十进制数串地址。涉及的转换函数如下。

1. int inet_pton(int family, const char *strptr, void *addrptr);

（1）函数功能

将点分十进制数串转换成 32 位无符号整数。

（2）函数参数

family：协议族。

strptr：点分十进制数串。

addrptr：32 位无符号整数的地址。

（3）返回值

成功则返回 1，失败则返回其他值。

（4）头文件

#include <arpa/inet.h>。

（5）示例程序

程序清单 3-3　地址转换函数

```
#include <stdio.h>
#include <arpa/inet.h>
int main(int argc, char *argv[])
```

```
{
    char ip_str[]="172.20.226.11";
    unsigned int ip_uint = 0;
    unsigned char *ip_p = NULL;
    inet_pton(AF_INET,ip_str,&ip_uint);
    printf("ip_uint = %d\n", ip_uint);
    ip_p = (unsigned char *)&ip_uint;
    printf("ip_uint =%d.%d.%d.%d\n",*ip_p, *(ip_p+1) , *(ip_p+2) , *(ip_p+3));

    return 0;
}
```

2. const char *inet_ntop(int family, const void *addrptr,char *strptr, size_t len);

（1）函数功能

将 32 位无符号整数转换成点分十进制数串。

（2）函数参数

family：协议族。

addrptr：32 位无符号整数。

strptr：点分十进制数串。

len：strptr 缓存区长度，宏定义语句如下。

```
#define INET_ADDRSTRLEN     16    //存放  IPv4 地址
#define INET6_ADDRSTRLEN    46    //存放  IPv6 地址
```

（3）返回值

成功则返回字符串的首地址，失败则返回 NULL。

（4）头文件

#include <arpa/inet.h>。

（5）示例程序

程序清单 3-4 点分十进制转换函数

```
#include <stdio.h>
#include <arpa/inet.h>
int main(int argc, char *argv[])
{
    char ip_str[16]={0};
    unsigned char ip[] = {172,20,223,75};
    inet_ntop(AF_INET,( unsigned int *)ip,ip_str,16);
    printf("ip_str = %s\n", ip_str);
    return 0;
}
```

3.4 解析器函数

在 Linux 网络通信中，网络编程时常需要访问知名网址，在访问这些网址时会使用域名系统（Domain Name System，DNS），用于主机名与 IP 地址间的映射，再通过域名解析协议将域名解析为 IP 地址，在知道 IP 地址的情况下，客户端便可连接相应域名服务器。

客户端访问网址时，实际上是访问一个或多个 DNS 服务器，域名解析流程如图 3-3 所示，应用程序相对于 DNS 服务器是客户端，客户端通过调用称为解析器的函数与 DNS 服务器通信，获取通信的真实 IP 地址。最常见的解析器函数有 gethostbyname 和 gethostbyaddr，包含在#include <netdb.h> 头文件中，关于此头文件，这里不再单独说明。

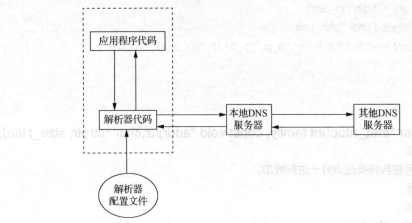

图 3-3　域名解析流程

1. gethostbyname 函数

（1）函数原型

struct hostent *gethostbyname (const char *hostname);

（2）函数功能

查找对应给定主机名的包含主机名称和地址信息的 hostent 结构体的指针。函数调用成功后，会返回一个指向 hostent 结构的指针，该结构中含有所查找主机的所有 IPv4 地址，这个函数的局限是只能返回 IPv4 地址。

（3）参数解释

hostname：指向主机名的指针。

（4）hostent 结构体

```
struct hostent {
    char *h_name;
    char **h_aliases;
    int   h_addrtype;
    int   h_length;
    char **h_addr_list;
};
```

h_name：地址的规范名称。

h_aliases：空字节，地址的预备名称的指针。

h_addrtype：地址类型，通常是 AF_INET。

h_length：地址的长度。

h_addr_list：零字节，主机网络地址指针，网络字节顺序。

（5）示例程序

程序清单 3-5　获取域名对应的地址

#include <sys/socket.h>

```c
#include <stdio.h>
#include <netdb.h>

int main(int argc, char **argv)
{
    char    **pptr;
    struct hostent *hptr;
    char    str[32];
    char ptr[64]="www.baidu.com";


    if((hptr = gethostbyname(ptr)) == NULL)
    {
        printf(" gethostbyname error for host:%s\n", ptr);
        return 0;
    }

    printf("official hostname:%s\n",hptr->h_name);
    for(pptr = hptr->h_aliases; *pptr != NULL; pptr++)
        printf(" alias:%s\n",*pptr);

    switch(hptr->h_addrtype)
    {
        case AF_INET:
        case AF_INET6:
            pptr=hptr->h_addr_list;
            for(; *pptr!=NULL; pptr++)
            {
                inet_ntop(hptr->h_addrtype, *pptr, str, sizeof(str));
                printf(" address:%s\n",str);
            }
            inet_ntop(hptr->h_addrtype, hptr->h_addr, str, sizeof(str));
            printf(" first address: %s\n",str);
        break;
        default:
            printf("unknown address type\n");
        break;
    }
    return 0;
}
```

2. gethostbyaddr 函数

（1）函数原型

struct hostent *gethostbyaddr (const char *addr, socklen_t len, int family);

（2）函数功能

gethostbyaddr 函数通过一个二进制的 IP 地址找到相应的主机名，与 gethostbyname 函数行为相反。若函数执行成功，则返回非空指针；若执行失败，则返回 NULL。此函数返回一个指向 hostent 结构体的指针，hostent 结构体定义如前述。

（3）参数解释

addr：指向网络字节顺序地址的指针。
len：地址的长度，在 AF_INET 类型地址中，其值为 4。
type：地址类型，应为 AF_INET。

（4）示例程序

程序清单 3-6　通过地址获取主机名

```c
#include <stdio.h>
#include <netdb.h>
#include <arpa/inet.h>
#include <sys/socket.h>

int main(int argc,char **argv)
{
    char **pptr;
    char str[INET_ADDRSTRLEN];
    char ptr[64]="127.0.0.1";
    struct hostent *hptr;
    struct in_addr * addr;
    struct sockaddr_in saddr;

    if(!inet_aton(ptr,&saddr.sin_addr))   //将 ptr 点分十进制数转换成十进制无符号整数
    {
        printf("Inet_aton error\n");
        return 1;
    }

    if((hptr=gethostbyaddr((void *)&saddr.sin_addr,4,AF_INET))==NULL) //保存主机信息
    {
        printf("gethostbyaddr error for addr:%s\n",ptr);
        printf("h_errno %d\n",h_errno);
        return 1;
    }
    printf("official hostname: %s\n",hptr->h_name);   //输出主机名

    for(pptr=hptr->h_aliases;*pptr!=NULL;pptr++)
        printf("alias: %s\n",*pptr);
```

```
        switch(hptr->h_addrtype)
        {
            case AF_INET:
            case AF_INET6:
                    pptr=hptr->h_addr_list;
                    for(;*pptr!=NULL;pptr++)
                        printf("address: %s\n",
                    inet_ntop(hptr->h_addrtype,*pptr,str,sizeof(str)));
                        break;
                    default:
                        printf("unknown address type\n");
                    break;
        }
        return 0;
}
```

3. getservbyname 函数

（1）函数原型

struct servent *getservbyname(const char * name, const char * proto);

（2）函数功能

根据给定名称查找相应服务，即返回对应于给定服务名和协议名的相关服务信息。若函数执行成功，则返回指向 servent 结构体的非空指针，若执行失败，则返回空指针。

（3）参数解释

name：指向服务器名的指针。

proto：指向协议名的指针（可选项），参数值为空时，getservbyname 函数返回第一个参数 name 与 servent 结构体成员 s_name 或者 s_aliases 匹配的服务条目；参数不为空时，getservbyname 函数对参数 name 和 proto 都进行匹配。

（4）servent 结构体

```
struct servent {
    char    *s_name;        /*规范的服务器名称 */
    char    **s_aliases;    /*别名列表*/
    int     s_port;         /*端口号，网络字节顺序*/
    char    *s_proto;       /*要使用的协议*/
};
```

s_name：规范的服务器名称。
s_aliases：别名列表。
s_port：端口号，网络字节顺序。
s_proto：使用的协议名。

（5）函数的典型调用

```
struct servent *sptr;
sptr = getservbyname("domain", "udp");   /*使用 UDP 的 DNS */
sptr = getservbyname("ftp", "tcp");      /* FTP 使用 TCP */
```

```
sptr = getservbyname("ftp", NULL);      /* FTP 使用 TCP */
sptr = getservbyname("ftp", "udp");     /*函数调用失败*/
```

（6）示例程序

程序清单 3-7　通过名称查找对应服务

```c
#include "netdb.h"
#include "stdio.h"
int main()
{
    struct servent *se = NULL;
    int i = 0;

    se = getservbyname("domain", "udp");
    if (!se)
        return -1;

    printf("name : %s\n", se->s_name);
    printf("port : %d\n", ntohs(se->s_port));
    printf("proto : %s\n", se->s_proto);
    for (i = 0; se->s_aliases[i]; i++)
        printf("aliases : %s\n", se->s_aliases[i]);

    return 0;
}
```

4. getservbyport 函数

（1）函数原型

```c
struct servent *getservbyport (int port, const char *proto);
```

（2）函数功能

根据给定的端口号和协议返回对应于给定端口号和协议名的相关服务信息。若函数执行成功，则返回指向 servent 结构体的非空指针，若执行失败，则返回空指针，servent 结构体的定义同前。

（3）参数解释

port：给定的端口号，以网络字节顺序排列。

proto：指向协议名的指针（可选项），参数值为空时，getservbyport 函数返回第一个参数 port 与 servent 结构体成员 s_port 匹配的服务条目；参数不为空时，getservbyport 函数对参数 port 和 proto 都进行匹配。

（4）函数的典型调用

```
struct servent *sptr;
sptr = getservbyport (htons (53), "udp");   /*使用 UDP 的 DNS */
sptr = getservbyport (htons (21), "tcp");   /* FTP 使用 TCP */
sptr = getservbyport (htons (21), NULL);    /* FTP 使用 TCP */
sptr = getservbyport (htons (21), "udp");   /*函数调用失败*/
```

（5）示例程序

程序清单 3-8　通过端口号查找对应服务

```c
#include "netdb.h"
#include "stdio.h"
int main()
{
    struct servent *se = NULL;
    int i = 0;

    se = getservbyport(htons(21), "tcp");
    if (!se)
        return -1;

    printf("name : %s\n", se->s_name);
    printf("port : %d\n", ntohs(se->s_port));
    printf("proto : %s\n", se->s_proto);
    for (i = 0; se->s_aliases[i]; i++)
        printf("aliases : %s\n", se->s_aliases[i]);

    return 0;
}
```

3.5　本章小结

本章重点讲解了套接字地址结构的使用方法，套接字地址结构是网络编程的基础，也是本章内容的重点。字节序的应用是网络编程的重要知识点，只有了解了设备的字节序，才能避免在网络传输过程中出现数据解析错误的问题，所以要学会如何使用字节序转换函数。地址和域名服务器之间的转换函数用于编程时获取连接设备地址，这里需要重点掌握 gethostbyname、gethostbyaddr、getservbyname 和 getservbyport 函数的使用方法。

3.6　本章习题

（1）套接字地址结构的作用是什么？
（2）什么是大端字节序？什么是小端字节序？
（3）练习字节序转换函数 htonl、htons、ntohl、ntohs、inet_pton 及 inet_ntop 的应用。
（4）练习地址转换函数 gethostbyname、gethostbyaddr、getservbyname、getservbyport 的应用。

第 4 章 TCP 编程

在计算机网络 OSI 七层协议体系结构模型中，TCP 完成运输层所指定的功能，与 UDP 是同一层的重要传输协议。

本章主要介绍基于 TCP 的网络编程，首先介绍 TCP 的特点和协议报文的格式，其次介绍 TCP 通信的连接和断开，再介绍 TCP 编程函数和 TCP 服务器并发使用的系统函数，最后介绍基于 TCP 的 HTTP 通信方式和 Wireshark 抓包工具的使用。

本章重要内容：
（1）TCP 的特点、TCP 报文首部的封包格式及各字段的含义和作用；
（2）TCP 连接的三次握手交互过程和四次挥手断开交互过程；
（3）基于 TCP 的服务器和客户端搭建，以及编程函数的使用；
（4）TCP 服务器并发的解决方法；
（5）Wireshark 抓包工具的使用方法。

4.1 TCP 概述

在 TCP/IP 四层协议体系结构中，TCP 层是位于网际层之上，应用层之下的中间层。因为不同主机的应用层之间常需要像管道一样的可靠连接，所以应用层先向 TCP 层发送用于网间传输的、用 8 位字节表示的数据流，TCP 把数据流分成适当长度的报文段（通常受计算机连接网络所在的数据链路层的最大传输单元限制），再把数据传给网际层，通过网络将数据传送给接收端实体的 TCP 层。为了保证不发生丢数据现象，TCP 会给每个报文段一个序号，同时保证传送到接收端实体的报文段按序接收，最后，接收端实体针对已成功收到的报文段发回一个相应的确认。如果发送端实体在合理的往返时延内未收到确认，那么对应的数据报文就被假设为已丢失，并被重传。在发送和接收数据的过程中，TCP 用一个校验和函数来检验数据是否有错误，如果有错误，则会导致 TCP 连接错误。

4.1.1 TCP 的三个特性

1. 面向连接

在应用 TCP 进行通信之前，双方通常需要通过三次交互流程来建立 TCP 连接，连接建立后才能进行正常的数据传输。这种面向连接的特性同时给 TCP 带来了复杂的连接管理。

2. 可靠性

TCP 作用于网际层之上，网际层不提供可靠的传输，有 4 种可能的传输错误问题发生在网际层，分别是比特错误、包乱序、包重复、丢包。为提供可靠的传输，TCP 提供了额外的机制处理这几种错误，主要体现在 3 个方面：首先，TCP 通过超时重传和快速重传两个常见手段来保证数据的正确传输，也就是说，接收端在没有收到数据或者收到错误的数据时会触发发送端重传数据（处理比特错误或丢包）；其次，TCP 接收端会缓存接收到的乱序数据，重新排序后再向应用层提供有序的数据（处理包乱序）；最后，TCP 发送端会维持一个发送"窗口"，动态调整发送速率，以适应接收端缓存限制和网络拥塞情况，避免了网络拥塞或者接收端因缓存满而使网际层大量丢包的问题（降低丢包率）。TCP 具有超时与重传管理、窗口管理、流量控制、拥塞控制等功能，保证了通信的可靠性。

3. 字节流式

应用层发送的数据会在 TCP 的发送端缓存起来，统一分片（如一个应用层的数据分成两个 TCP 数据报文）或者打包（如两个或者多个应用层的数据打包成一个 TCP 数据报文）发送，到达接收端时也是直接按照字节流将数据传递给应用层的。

4.1.2 TCP 报文首部解析

TCP 报文首部格式如图 4-1 所示，各字段解释如下。

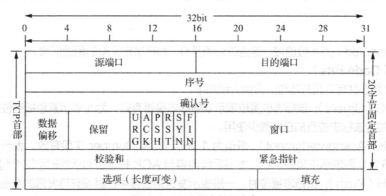

图 4-1 TCP 报文首部格式

1. 源端口

源端口（Source Port）共 16 位，是发送方应用程序对应的端口。源端口和源 IP 地址标识了报文发送端的地址。

2. 目的端口

目的端口（Destination Port）共 16 位，定义传输的目的端口。这个端口指明报文接收设备上应用程序的端口。

注意　TCP 的源端口、目的端口以及 IP 层的源 IP 地址、目的 IP 地址四元组可以唯一标识一个 TCP 连接。接收端的 TCP 根据不同的端口号将数据传送给应用层的不同程序，这个过程叫作解复用；相应的，发送端会把应用层不同程序的数据映射到不同的端口号，这个过程叫作复用。

3. 序号

序号（Sequence Number, SN）又称序列号，32 位的序列号标识了 TCP 报文第一个字节在传输中对应的字节序号。当 SYN（标志位，占用一个字节数据）出现时，序列号实际上是初始序列号（Initial Sequence Number, ISN），第一个数据是 ISN+1 个字节，单位是 Byte。例如，发送端发送的一个

TCP 数据段净荷（不包含 TCP 头）为 12Byte，SN 为 5，则发送端接着发送的下一个数据段的 SN 应该设置为 17（将 TCP 数据段净荷字节数同 SN 计算求和）。通过序列号，TCP 接收端可以识别出重复接收到的 TCP 数据段并丢弃重复数据，对于乱序数据，可以根据序列号重新排序，进而为高层提供有序的数据流。

4. 确认号

确认号（Acknowledgment Number，ACK Number）共 32 位，标识了报文发送端期望接收的字节序列。如果设置了 ACK 标志位，则表示一个准备接收的数据段的序列号。例如，当前接收端接收到一个 TCP 数据段净荷为 12 Byte 的数据，SN 为 5，则发送端可能会回复一个确认收到的数据，如果这个数据之前的数据也都已经收到了，则这个数据中的 ACK Number 设置为 17（将接收到的 TCP 数据段净荷同 SN 计算求和），表示 17Byte 之前的数据都已经收到了；如果在这个数据之前有 SN 为 3、净荷为 2Byte 的数据丢失，则在接收端接收到这个 SN 为 5 的乱序数据的时候，TCP 会要求接收端必须回复一个 ACK 确认包，这个确认包中的 ACK Number 只能设置为 3。

5. 数据偏移

数据偏移（Header Length）又称头长，4 位，给出头部占 32 位的数目。没有任何选项字段和填充的 TCP 头部长度为 20 字节，最多可以有 60 字节的 TCP 头部，因此该字段数值最小为 5，最大为 15。

6. 保留

保留（Reserved）为 4 位值域，这些位必须是 0，为将来定义新的用途保留。

7. 标志（Code Bits）

TCP 报文首部共有 6 位标志位，分别介绍如下。

（1）URG（Urgent）：该标志位置位表示紧急标志是否有效，为 1 表示紧急指针位有效，为 0 则忽略紧急指针位。该标志位目前已经很少使用。

（2）ACK（Acknowledgment）：取值为 1 表示 ACK Number 字段有效，表示是一个确认的 TCP 包；取值为 0 则表示不是确认包。本书后续内容当 ACK 标志位有效的时称这个包为 ACK 包。

（3）PSH（Push）：该标志置位时，一般表示发送端缓存中已经没有待发送的数据，接收端应尽可能快地将数据转由应用处理。

（4）RST（Reset）：用于复位相应的 TCP 连接。通常在发生异常或者错误的时候会触发该标志位，复位 TCP 连接。

（5）SYN（Synchronize Sequence Numbers）：同步序列编号，该标志仅在建立 TCP 连接时有效，提示 TCP 连接的接收端检查序列号，该序列编号为 TCP 连接的初始序列号。SYN 标志位有效时称这个数据为 SYN 包。

（6）FIN（Finish）：带有该标志置位的数据用来结束一个 TCP 会话，若 TCP 连接的另一端也要结束会话，同样需要发送携带该标志位的数据。FIN 标志有效时称这个数据为 FIN 包。

8. 窗口

窗口（Window）共 16 位，表示从确认号（ACK Number）开始还愿意接收多少字节的数据量，即用来表示当前接收端的接收窗还有多少剩余空间，用于 TCP 的流量控制。

9. 校验和

校验和（Checksum）共 16 位，发送端基于发送数据内容计算一个数值，接收端根据接收数据计算的数值与发送端校验和位携带的数值一致才表示数据有效，接收端校验和校验失败时会直接丢掉这个数据。校验和是根据伪头部、TCP 头部、TCP 数据 3 部分进行计算得到的数值，对于较大的数据，校验和并不能可靠地反映数据错误，必要时应用层应该再添加合适的校验方式。

10. 紧急指针

紧急指针（Urgent Pointer）共 16 位，指向后面选项位和填充位是优先数据的字节，在 URG 标志位设置时才有效。

11. 选项和填充

最常见的选项字段常用来指明数据大小，又称为 MSS（Maximum Segment Size）。每个连接端通常都在通信的第一个数据中指明这个选项，表示本端所能接收的数据的最大长度。选项长度不一定是 32 位的整数倍，所以要增加填充位，即在这个字段中加入额外的零，以保证 TCP 头是 32 位的整数倍。

4.2 TCP 连接的建立及断开

4.2.1 TCP 建立连接——三次握手

建立 TCP 连接的过程又称三次握手（Three-Way Handshake），指建立一个 TCP 连接时，需要接收端和发送端共发送 3 个数据报文以确认连接的建立。在套接字编程中，这一过程由发送端发送连接来触发，三次握手交互流程如图 4-2 所示。

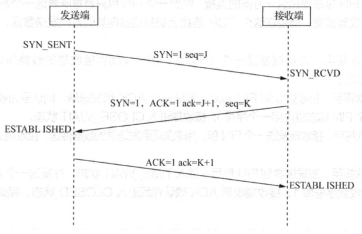

图 4-2　三次握手交互流程

（1）第一次握手，发送端将标志位 SYN 置为 1，随机产生一个值 seq=J（该值为 SN），发送端进入 SYN_SENT 状态，将该数据发送给接收端，等待接收端确认。

（2）第二次握手，接收端进入 SYN_RCVD 状态，收到数据后由标志位 SYN=1 确认发送端请求建立连接，接收端将标志位 SYN 和 ACK 都置为 1，ack=J+1，随机产生一个值 seq=K，并将该数据发送给发送端以确认收到连接请求。

（3）第三次握手，发送端收到确认报文后，检查 ack 是否为 J+1、ACK 是否为 1，如果正确，则将标志位 ACK 置为 1，ack=K+1，并将该数据发送给接收端。接收端检查 ack 是否为 K+1、ACK 是否为 1，如果正确则连接建立成功，发送端和接收端进入 ESTABLISHED 状态，完成三次握手，随后发送端与接收端之间可以开始传输数据。

4.2.2 TCP 断开连接——四次挥手

断开 TCP 连接又称四次挥手关闭连接，指断开 TCP 连接时，需要接收端和发送端发送 4 个数据确认连接的断开。在套接字编程中，这一过程由接收端或发送端任一方执行关闭连接来触发，四次挥手交互流程如图 4-3 所示。

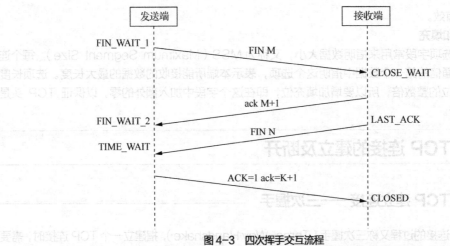

图 4-3　四次挥手交互流程

　　TCP 连接是全双工的，需要连接的每个方向都单独进行关闭。这一原则是当一方完成数据发送任务后，发送一个 FIN 包来终止这一方向的连接。收到一个 FIN 包只是意味着这一个方向上没有了数据流动，即不会再收到数据，但是在这个 TCP 连接上仍然能够向其他方向发送数据，直到其他方向也发送了 FIN 包。

　　（1）第一次挥手，发送端发送一个 FIN 包，用来关闭到接收端的数据传送，发送端进入 FIN_WAIT_1 状态。

　　（2）第二次挥手，接收端收到 FIN 包后，发送一个 ACK 给发送端，确认号为收到序号加 1（与 SYN 相同，一个 FIN 标志位占用一个序号），接收端进入 CLOSE_WAIT 状态。

　　（3）第三次挥手，接收端发送一个 FIN 包，用来关闭到发送端的数据传送，接收端进入 LAST_ACK 状态。

　　（4）第四次挥手，发送端收到 FIN 包后，进入 TIME_WAIT 状态，并发送一个 ACK 确认包给接收端，确认号为收到序号加 1，接收端收到 ACK 确认包后进入 CLOSED 状态，完成四次挥手，连接完全断开。

4.3　TCP 网络编程

　　基于 TCP 的套接字通信参考客户端/服务器（Client/Server，C/S）模型实现，完成如"聊天"、数据传输、提供服务等功能。下面以实现简单的数据传输为例，讲解在数据传输过程中，客户端和服务器之间的通信流程，以及通过 Socket 接口函数实现通信的过程。

4.3.1　基本条件

TCP 通信的服务器和客户端需要具备的条件如下。

　　（1）服务器需要具备一个可以确知的地址或端口，便于客户端连接服务器。

　　（2）将创建的 Socket 属性由主动变为被动，让服务器等待客户端主动连接。

　　（3）对于面向连接的 TCP，客户端和服务器完成三次握手建立连接才意味着数据通信的开始。

4.3.2　基本流程

TCP 通信两端使用 socket 接口函数建立连接的流程如图 4-4 所示。

第 4 章
TCP 编程

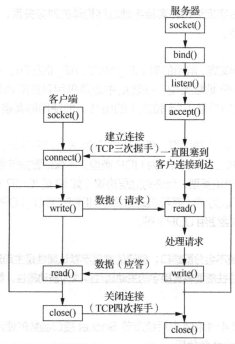

图 4-4 TCP 通信两端使用 socket 接口函数建立连接的流程

（1）客户端和服务器使用 Socket 函数各自创建一个套接字。
（2）服务器使用 bind 函数绑定 IP 地址和端口号。
（3）服务器使用 listen 函数开启监听模式，将服务器的主动连接变成被动连接。
（4）服务器使用 accept 函数等待客户端连接请求。
（5）客户端使用 connect 函数主动连接服务器。
（6）客户端和服务器进行三次握手，过程不需要手动实现，在调用 connect 函数后就完成 TCP 三次握手的过程，成功建立连接后使用 write 函数向服务器发送数据。
（7）服务器接收客户端的数据请求，处理数据请求后向客户端发送数据，并进入读写循环状态。
（8）客户端使用 read 函数读取服务器发送的数据，处理后进入写读循环状态。
（9）双方通信结束后进行 TCP 断开连接的四次挥手过程，通信双方调用 close 函数后即实现了 TCP 的四次挥手过程，通信双方断开连接。

4.3.3 基本函数

要实现 TCP 通信的客户端和服务器，需要使用创建连接函数、断开连接函数、绑定函数、监听函数、连接函数、发送函数、接收函数和关闭函数等 Socket 接口函数分别实现客户端和服务器的功能。Socket 接口函数包含在 sys/socket.h 头文件中。

1. 创建连接函数

（1）函数原型

int socket (int domain, int type, int protocol);

（2）函数功能

初始化创建套接字，是第一个调用的 Socket 接口函数，用于根据指定的地址协议族、数据类型和协议来分配一个套接字描述符及其所用的资源。如果调用成功，则返回新创建的套接字描述符；如果调用失败，则返回-1。套接字描述符是一个整数类型的值，每个进程的进程空间里都有一个套接字描述符表,该表中存放着套接字描述符和套接字地址结构体的对应关系,根据套接字描述符就可以找到其对应的套接字地址结构体。

(3)参数解释

domain:指明使用的协议族,常用的有 AF_INET、AF_INET6、AF_LOCAL、AF_ROUTE 等。协议族决定了套接字的 IP 地址类型,在通信中必须采用对应的地址,如 AF_INET 决定了要用 IPv4 地址(32 位的)与端口号(16 位的)的组合,即使用的套接字地址结构体为 IPv4 套接字结构。

type:指明套接字类型,有 3 种类型,第一种是 SOCK_STREAM,为 TCP 类型,保证数据顺序及可靠性;第二种是 SOCK_DGRAM,为 UDP 类型,不保证数据接收的顺序,属于非可靠连接;第三种是 SOCK_RAW,为原始类型,允许对底层协议(如 IP 或 ICMP)进行直接访问,不太常用。

protocol:协议类别,可以为 0(系统自动选择)、IPPROTO_TCP(指定运输层使用 TCP)、IPPROTO_UDP(指定运输层使用 UDP)等。

 注意 创建套接字时,系统不会分配端口;创建的套接字默认属性是主动连接,即主动发起请求;当作为接收端时,往往需要将套接字的主动属性修改为被动属性,等待接收数据。

(4)示例程序

具体代码可参考程序清单 4-1 和本书后续章节 Socket 接口函数的使用示例程序。

程序清单 4-1　创建 socket 伪代码

```
int socket = 0;
socket = socket(AF_INIT, SOCK_STREAM, 0);//创建使用 IPv4 地址协议的 TCP 流式套接字
if(socket < 0)
{
    perroe("socket");
    exit(-1);
}
```

2. 断开连接函数

(1)函数原型

```
int close(int fd);
```

(2)函数功能

close 函数用于关闭通信一方的连接。断开连接后,不再接收对方发送的数据。在对方未关闭连接的情况下,关闭一方可以向对方发送数据;在对方已经关闭连接的情况下,双方都关闭连接,不能再发送或接收数据。函数执行成功返回 0,执行失败返回-1。

(3)参数解释

fd:需要关闭的套接字描述符。

3. 绑定函数

(1)函数原型

```
int bind(int sockfd, const struct sockaddr* myaddr, socklen_t addrlen);
```

(2)函数功能

将创建的套接字描述符绑定到指定的 IP 地址和端口上,是第二个调用的 Socket 接口函数。若返回值为 0,则表示绑定成功;若为-1,则表示绑定出错。当 Socket 接口函数返回一个套接字描述符时,只是存在其协议族的空间中,并没有分配一个具体的协议地址(指 IPv4/IPv6 地址和端口号的组合)。服务器在启动时会绑定一个众所周知的协议地址,客户端通过该协议地址连接服务器。而对于客户

端而言,可以指定 IP 地址或端口,也可以都不指定,未指定 IP 地址或端口时,系统会随机分配端口为连接服务器使用。

(3)参数解释

sockfd:Socket 接口函数返回的套接字描述符。

myaddr:指向 sockaddr 结构体的指针,指明要绑定的 IP 地址和端口号。

addrlen:表示 myaddr 结构的长度,可以用 sizeof 操作符获得。利用如下赋值语句,可以实现自动绑定本地 IP 地址和随机端口的功能。

my_addr.sin_port = 0; //系统随机选择一个未被使用的端口号

my_addr.sin_addr.s_addr = INADDR_ANY; //填入本机 IP 地址

 注意 一般不将端口号置为小于 1024 的值,因为 1~1024 是周知端口号,可以使用大于 1024 的没有被占用的端口号。

(4)示例程序

程序清单 4-2　socket 绑定伪代码

```
int err_log = 0;
unsigned short port = 8000;
/*填充地址结构体*/
struct sockaddr_in my_addr;
bzero(&my_addr,sizeof(my_addr));
my_addr.sin_family = AF_INET;
my_addr.sin_port = htons(port);
my_addr.sin_addr.s_addr = htons(INADDR_ANY);
err_log = bind(sockfd, (struct sockaddr*)& my_addr, sizeof(my_addr));
if(err_log != 0)
{
    perror("bind");
    close(sockfd);
    exit(-1);
}
```

4. 监听函数

(1)函数原型

```
int listen(int sockfd, int backlog);
```

(2)函数功能

listen 函数仅被 TCP 通信的服务器程序调用,实现监听服务。

Socket 接口函数创建套接字描述符时,套接字为主动属性,即是一个调用 connect 函数发起连接请求的客户端套接字。listen 函数将套接字转换为被动属性套接字,内核接收向此套接字发送的连接请求,函数调用成功返回 0,调用错误返回-1。

(3)参数解释

sockfd:Socket 接口函数返回的套接字描述符。

backlog:指定内核为此套接字维护的最大连接个数。

5. 接收函数

（1）函数原型

`int accept(int sockfd, struct sockaddr *addr, socklen_t *addrlen);`

（2）函数功能

accept 函数仅被 TCP 通信的服务器程序调用，从已完成连接队列返回下一个建立成功的连接，如果已完成连接队列为空，则线程进入阻塞态（睡眠状态）。若 accpet 函数执行成功，则返回由内核自动生成的一个全新套接字描述符，表示服务器与客户端已经建立连接；若执行错误则返回-1。accept 函数的第一个参数是监听的套接字（TCP 连接未建立完成），返回的值是已连接的套接字（TCP 连接已建立完成）。

（3）参数解释

sockfd：Socket 接口函数返回的套接字描述符。
addr：输出一个 sockaddr 结构体的变量信息，存放发起连接请求的客户端的协议地址。
addrten：作为输入，指明 sockaddr 地址结构体的实际长度。

6. 连接函数

（1）函数原型

`int connect(int sockfd, struct sockaddr *serv_addr, int ddrlen);`

（2）函数功能

connect 函数由 TCP 通信的客户端程序调用，与服务器建立 TCP 通信连接，是实施三次握手建立连接的过程，连接成功返回 0，连接失败返回 1。

> **注意**
> ① 可以在 UDP 通信中使用 connect 函数，作用是使 UDP 连接创建的套接字记住目的 IP 地址和目的端口。
> ② UDP 通信使用 connect 函数后，如果数据报不是来自 connect 中指定的 IP 地址和端口，则将被丢弃。没有调用 connect 函数的 UDP 通信，将接收所有到达这个端口的 UDP 数据报，而不区分源端口和地址。

（3）参数解释

sockfd：本地已连接客户端的套接字描述符。
serv_addr：服务器协议地址。
addrlen：地址缓冲区的长度。

7. 发送函数

（1）函数原型

`int send(int sockfd, const void *msg, int len, int flags);`

（2）函数功能

向一个已经连接的套接字发送数据。每个 TCP 连接的套接字都有一个发送缓冲区，调用 send 函数的过程是内核将用户数据复制至 TCP 套接字的发送缓冲区的过程。send 函数被调用时，检查 TCP 套接字中是否有发送数据。

① 若没有发送数据，则比较发送缓冲区长度和 send 函数发送数据长度 len，如果 len 大于套接字缓冲区长度，若返回-1（错误），发送缓冲区的大小足够大，将数据 msg 发送至发送缓冲区，并确认 send 函数将数据复制至发送缓冲区中。

② 若有数据且未发送，则比较该缓冲区的剩余空间和 len 的大小，若 len 大于剩余空间，则一直等待直到缓冲区中的数据发送完为止；若 len 小于缓冲区剩余的大小，则将发送的数据复制至该缓冲区中。

send 函数发送成功时,返回实际复制的字节数,发送失败时,返回-1。另一端关闭连接时,返回 0。若传输数据时网络断开,则返回-1(错误)。

(3)参数解释

sockfd:发送端套接字描述符(非监听描述符)。

msg:待发送数据的缓冲区。

len:待发送数据的字节长度。

flags:0 个或者多个标志的组合体,可直接设置为 0 或通过"|"操作符连在一起。MSG_DONTWAIT:设置为非阻塞操作。MSG_DONTROUTE:告知网际层协议,目的主机在本地网络,不需要查找路由表。MSG_NOSIGNAL:表示发送动作不愿意被 SIGPIPE 信号中断。MSG_OOB:表示接收到需要优先处理的数据。

8. 接收函数

(1)函数原型

int **recv**(int sockfd, void buf, int len, unsigned intflags)

(2)函数功能

接收一个已经连接套接字发送的数据。recv 函数从接收缓冲区复制数据,接收成功时返回复制的字节数,接收失败时返回-1,另一端关闭连接并返回 0。若传输数据时网络断开,则返回-1(错误)。

(3)参数解释

sockefd:接收端套接字描述符(非监听描述符)。

buf:接收缓冲区的基地址。

len:以字节计算的接收缓冲区长度。

flags:0 个或者多个标志的组合体,可直接设置为 0 或通过"|"操作连在一起。MSG_DONTWAIT:设置为非阻塞操作。MSG_PEEK:指示数据接收后,在接收队列中保留原数据,不将其删除,随后的读操作还可以接收相同的数据。MSG_WAITALL:要求阻塞操作,直到接收的数据长度为 nbytes;如果捕捉到信号、错误或者连接断开,或者下次被接收的数据类型不同,则返回少于请求量的数据。MSG_OOB:表示接收到需要优先处理的数据。

(4)示例程序

经过前面对函数的讲解和建立 TCP 通信的交互流程可知,调用创建连接函数、绑定函数(可选项)、连接函数、发送函数、接收函数,即可实现 TCP 通信的客户端和服务器代码,程序示例如下。

程序清单 4-3 建立 TCP 客户端

```
#include <stdio.h>
#include <unistd.h>
#include <string.h>
#include <stdlib.h>
#include <arpa/inet.h>
#include <sys/socket.h>
#include <netinet/in.h>
int main(int argc , char *argv[])
{
    unsigned short port = 8000;          //服务器端口号,不设置服务器固定 IP 地址
    /* main 函数传参*/
    if(argc > 1)    //函数参数,可以更改服务器端口号
    {
        port = atoi(argv[1]);
```

```c
}
/* 创建 TCP 套接字*/
int sockfd = 0;
sockfd = socket(AF_INET, SOCK_STREAM, 0);
if(sockfd < 0)
{
    perror("socket");
    exit(-1);
}
/* 设置要连接的 IP 地址和端口 */
struct sockaddr_in server_addr;
bzero(&server_addr,sizeof(server_addr));
server_addr.sin_family = AF_INET;
server_addr.sin_port = htons(port);

/* 连接服务器*/
int err_log = connect(sockfd,(struct sockaddr *)&server_addr,sizeof(server_addr));
if(err_log != 0)
{
    perror("connect");
    close(sockfd);
    exit(-1);
}
while(1)
{
    char send_buf[512] = "";
    char recv_buf[512] = "";
    /* 发送消息 */
    printf("send:");
    fgets(send_buf, sizeof(send_buf),stdin);
    send_buf[strlen(send_buf)-1]=0;
    send(sockfd, send_buf, strlen(send_buf),0);

    /* 接收消息 */
    int i;
    i=recv(sockfd, recv_buf, sizeof(recv_buf),0);
    printf("i=%d\r\n",i);
    printf("recv:%s\r\n",recv_buf);
}
close(sockfd);
return 0;
```

程序清单 4-4 建立 TCP 服务器

```c
#include <stdio.h>
#include <stdlib.h>
#include <unistd.h>
#include <string.h>
#include <arpa/inet.h>
#include <sys/socket.h>
#include <netinet/in.h>
int main(int argc , char *argv[])
{
    unsigned short port = 8000;        //服务器端口号,也可以设置 IP 地址用于连接
    /* main 函数传参*/
    if(argc > 1)                       //函数参数,可以更改服务器端口号
    {
        port = atoi(argv[1]);
    }

    pid_t pid;
    pid = fork();
    if(pid < 0)
    {
        printf("fork error\r\n");
    }
    else if(pid == 0)
    {
        printf("child process \r\n");
    }
    else
    {
        printf("parent prosecco\r\n");
    }

    /* 创建 TCP 套接字*/
    int sockfd = 0;
    sockfd = socket(AF_INET, SOCK_STREAM, 0);
    if(sockfd < 0)
    {
        perror("socket");
        exit(-1);
    }
    /* 组织本地信息*/
    struct sockaddr_in my_addr;
    bzero(&my_addr, sizeof(my_addr));
```

```c
my_addr.sin_family = AF_INET;
my_addr.sin_port = htons(port);
my_addr.sin_addr.s_addr = htons(INADDR_ANY);
/* 绑定信息 */
int err_log = bind(sockfd, (struct sockaddr*)&my_addr,sizeof(my_addr));
if(err_log != 0)
{
    perror("bind");
    close(sockfd);
    exit(-1);
}
err_log = listen(sockfd,10);
if(err_log != 0)
{
    perror("listen");
    close(sockfd);
    exit(-1);
}
printf("listen client @port=%d \r\n",port);

struct sockaddr_in client_addr;
char cli_ip[INET_ADDRSTRLEN] = "";
socklen_t cliaddr_len = sizeof(client_addr);
int connfd;
/* 等待接收可连接的文件描述符 */
connfd = accept(sockfd, (struct sockaddr*)&client_addr, &cliaddr_len);
if(connfd < 0)
{
    perror("accept");
    exit(-1);
}
inet_ntop(AF_INET,&client_addr.sin_addr,cli_ip,INET_ADDRSTRLEN);
printf("client ip=%s,port=%d\r\n",cli_ip,ntohs(client_addr.sin_port));
while(1)
{
char recv_buf[2048] = "";
if(recv(connfd, recv_buf, sizeof(recv_buf),0)> 0)
{
    printf("recv data:\r\n");
    printf("%s\r\n",recv_buf);
    char send_buf[512] = "";
    /* 发送消息 */
    printf("send:");
```

```
            fgets(send_buf, sizeof(send_buf),stdin);
            send_buf[strlen(send_buf)-1]=0;
            send(connfd, send_buf, strlen(send_buf),0);
        }
    }
    close(connfd);
    printf("client closed!\r\n");

    close(sockfd);
    return 0;
}
```

4.4 TCP 服务器并发

并发在 Linux 操作系统中是指在同一个设备上一个时间段内有多个程序都处于已启动运行状态到运行结束状态之间，但同一个时刻只有一个程序在设备上运行。

在 Linux 环境下多进程的应用（即一个应用程序同时运行多个进程）很多，其中多进程并发服务器应用较多。多进程并发服务器是当客户有请求时，服务器用一个子进程来处理客户请求，父进程继续等待其他客户请求。多进程并发服务器的优点是当客户有请求时，服务器能及时处理客户请求，相比于单一进程的服务器提高了服务性能。Linux 操作系统中常使用 fork 进程系统调用、pthread 线程系统调用、select 系统调用和 epoll 系统调用函数提高并发服务器的服务性能。

TCP 服务器并发问题的处理函数均是系统调用函数，本书不做详细介绍，只介绍函数的使用，具体知识内容可参考相关的系统编程书籍。下面主要介绍系统调用在 Linux 网络编程中的使用。

4.4.1 进程

要在 Linux 操作系统中创建一个新的进程，可以使用复制进程的方式，使用 fork 系统调用函数完成进程的创建。fork 函数复制当前的进程，产生的新进程与原进程几乎一样。新进程有自己的数据空间、环境，在 TCP 服务器并发问题上也会使用多进程处理并发问题。

4.3 节中介绍的套接字编程函数实现的是一个客户端和一个服务器的通信形式，在实际客户端和服务器的通信中，更多的是实现多客户端连接一个服务器的情况，当然，同样存在多客户端连接多服务器的情况，对这种情况本书暂不介绍。4.3 节中简单举例的单一客户端和服务器进行通信时，通信双方需要等待对方数据的到来再做处理，在存放多个客户端的情况下，一个客户端的数据未处理完成，会导致后续连接服务器的客户端一直等待，直到前一个数据处理完成，这种情况可以通过 fork 函数创建多进程服务器，多个进程可以同时等待客户端连接。由于多进程的局限性，只能解决一部分并发服务器问题。

fork 函数复制当前进程，将原程序从 fork 函数开始分成两个与原进程一样的程序，生成新进程。由 fork 函数创建的新进程称为子进程，原进程称为父进程。子进程是父进程的副本，将获得父进程的数据空间、堆、栈等资源副本，父子进程间不共享这些存储空间。

（1）函数原型

pid_t fork(void);

（2）函数功能

复制原有进程，创建新的子进程。

（3）参数解释

fork 函数无参数。

（4）返回值

执行成功，子进程返回 0，父进程返回子进程 ID；执行失败，返回-1。

（5）头文件

#include<sys/types.h>。

（6）示例程序

程序清单 4-5　创建进程

```c
#include <stdio.h>
#include <stdlib.h>
#include <unistd.h>
#include <string.h>
#include <arpa/inet.h>
#include <sys/socket.h>
#include <netinet/in.h>
int main(int argc , char *argv[])
{
    unsigned short port = 8000;        //服务器端口号
    /* main 函数传参*/
    if(argc > 1)                       //函数参数，可以更改服务器端口号
    {
        port = atoi(argv[1]);
    }

    pid_t pid;
    pid = fork();
    if(pid < 0)
    {
        printf("fork error\r\n");
    }
    else if(pid == 0)
    {
        printf("child process \r\n");
    }
    else
    {
        printf("parent prosecco\r\n");
    }

    /* 创建 TCP 套接字*/
    int sockfd = 0;
    sockfd = socket(AF_INET, SOCK_STREAM, 0);
    if(sockfd < 0)
```

```c
{
    perror("socket");
    exit(-1);
}
/* 组织本地信息 */
struct sockaddr_in my_addr;
bzero(&my_addr, sizeof(my_addr));
my_addr.sin_family = AF_INET;
my_addr.sin_port = htons(port);
my_addr.sin_addr.s_addr = htons(INADDR_ANY);
/* 绑定信息 */
int err_log = bind(sockfd, (struct sockaddr*)&my_addr,sizeof(my_addr));
if(err_log != 0)
{
    perror("bind");
    close(sockfd);
    exit(-1);
}
err_log = listen(sockfd,10);
if(err_log != 0)
{
    perror("listen");
    close(sockfd);
    exit(-1);
}
printf("listen client @port=%d \r\n",port);
while(1)
{
    struct sockaddr_in client_addr;
    char cli_ip[INET_ADDRSTRLEN] = "";
    socklen_t cliaddr_len = sizeof(client_addr);
    int connfd;
    /* 等待接收可连接的文件描述符 */
    connfd = accept(sockfd, (struct sockaddr*)&client_addr, &cliaddr_len);
    if(connfd < 0)
    {
        perror("accept");
        continue;
    }
    inet_ntop(AF_INET,&client_addr.sin_addr,cli_ip,INET_ADDRSTRLEN);
    printf("client ip=%s,port=%d\r\n",cli_ip,ntohs(client_addr.sin_port));
    char recv_buf[2048] = "";
    while(recv(connfd, recv_buf, sizeof(recv_buf),0)> 0)
```

```
            {
                printf("recv data:\r\n");
                printf("%s\r\n",recv_buf);
            }
            close(connfd);
            printf("client closed!\r\n");
        }
        close(sockfd);
        return 0;
}
```

从代码中可以看出，fork 函数被父进程调用一次，却返回两次，一次是返回父进程的执行结果，另一次是返回新创建子进程的结果，子进程和父进程是并发运行的独立进程。内核能够以任意的方式交替执行子进程和父进程的程序，因此不能确定父子进程优先执行的顺序。

使用 fork 函数得到的子进程是父进程的一个复制品，从父进程处继承整个进程空间的地址空间，子进程独有的只是进程号、计时器等，因此使用 fork 函数的代价很大。

4.4.2 线程

线程称为轻量进程（Lightweight Process，LWP），是程序执行的最小单元。线程是进程的一个实体，是被系统独立调度和分派的基本单位，拥有少量程序运行中必不可少的资源，与同属一个进程的其他线程共享进程所拥有的全部资源。

一个线程可以创建和撤销一个新的线程，同一个进程的多个线程可以并发执行。同一进程同时运行不同功能的线程称为多线程，是解决 TCP 服务器并发问题的方法之一。

Linux 操作系统下的多线程系统编程遵循 POSIX 标准可移植操作系统接口（Portable Operating System Interface，POSIX），称为 pthread。Linux 操作系统中编写多线程程序时使用头文件 pthread.h。

多进程处理数据的方式相同，不能根据连接不同的客户端做不同的处理，应用很局限。服务器端可创建多个线程，创建线程的数量根据功能的实际情况来定，每个线程可以处理不同的客户端连接，做不同功能的数据处理。pthread_create 函数可以创建线程；pthread_join 函数可以阻塞线程，等待子线程处理结束后回收资源；pthread_detach 函数可以分离子线程，子线程结束后回收资源。

1. pthread_create 函数

（1）函数原型

int **pthread_create**(pthread_t *tidp,const pthread_attr_t *attr, (void*) (*start_rtn) (void*), void *arg);

（2）函数功能

创建一个线程。

（3）参数解释

tidp：线程标识符的指针，输出参数，可获得线程的线程号。

attr：线程属性结构体地址，可填 NULL，表示使用线程的默认属性。

start_rtn：线程函数的入口地址。

arg：传给线程函数的参数，可为 NULL，表示线程函数不需要参数；不为 NULL 时，表示参数将被传递给线程入口地址。

（4）返回值

执行成功，返回 0；执行失败，返回非 0（不是-1）的错误码。

（5）示例程序

程序清单 4-6　创建线程伪代码

```c
#include <stdio.h>
#include <unistd.h>
#include <pthread.h>
int  main()
{
    创建套接字 socket;
    绑定套接字 socket;
    监听套接字 socket;
    while(1)
    {
        int  connfd = accept();
        pthread_t  tid;
        pthread_create(&tid, NULL,(void *)client_func,(void *)connfd);
        pthread_detach(tid);//创建的线程为非阻塞状态，线程结束后自动回收资源
    }
    close(sockfd);//关闭监听套接字
    return  0;
}
void *client_fun(vod *arg)
{
    int  connfd = (int)arg;
    fun();//用于客户端的具体程序
    close(connfd);
}
```

2. pthread_join 函数

（1）函数原型

int pthread_join(pthread_t tid, void **status);

（2）函数功能

阻塞主线程，使其等待子线程结束，回收子线程资源。

该函数会一直阻塞调用线程，直到指定的线程终止。当 pthread_join 返回之后，应用程序可回收与已终止线程关联的任何数据存储空间，也可设置线程的 attr 属性，当线程结束时直接回收资源。如果没有必要等待特定的线程终止之后再进行其他处理，则应当将该线程分离。

（3）参数解释

tid：被等待的线程号。

status：存储线程退出状态的指针的地址，可以为 NULL。

（4）返回值

调用成功，返回 0；调用失败，返回非 0 值。如果检测到以下任意情况，则 pthread_join 将失败，并返回相应的值。

① ESRCH：没有找到与给定的线程 ID 相对应的线程。

② EDEADLK：出现死锁，如一个线程等待其本身或者两个线程互相等待。

③ EINVAL：与给定的线程 ID 相对应的线程是分离线程。
3. pthread_detach 函数
（1）函数原型
Int pthread_detach (pthread_t tid);
（2）函数功能
创建一个线程后要回收资源，使用 pthread_join 函数会使调用者阻塞，等待结束。Linux 操作系统提供了线程分离函数——pthread_detach，可以使调用线程与当前进程分离，使其成为一个独立的线程，该线程结束时，系统将自动回收该进程资源。该函数在创建线程后调用，将线程设为分离线程，既不需要向主线程返回信息，又不需要主线程等待子线程返回结果。
（3）参数解释
tid：被等待的线程号。
（4）返回值
执行成功，返回 0；执行失败，返回非 0 值。
（5）示例程序
程序清单 4-7　分离线程

```
#include <stdio.h>
#include <stdlib.h>
#include <unistd.h>
#include <string.h>
#include <pthread.h>
#include <arpa/inet.h>
#include <sys/socket.h>
#include <netinet/in.h>

/*函数声明*/
void    *client_func(void *arg);

int    main(int argc , char *argv[])
{
    unsigned short port = 8000;      //服务器端口号
    /* main 函数传参*/
    if(argc > 1)                     //函数参数，可以更改服务器端口号
    {
        port = atoi(argv[1]);
    }

    /* 创建 TCP 套接字*/
    int sockfd = 0;
    sockfd = socket(AF_INET, SOCK_STREAM, 0);
    if(sockfd < 0)
    {
        perror("socket");
        exit(-1);
```

```c
    }
    /* 组织本地信息*/
    struct sockaddr_in my_addr;
    bzero(&my_addr, sizeof(my_addr));
    my_addr.sin_family = AF_INET;
    my_addr.sin_port = htons(port);
    my_addr.sin_addr.s_addr = htons(INADDR_ANY);
    /* 绑定信息 */
    int err_log = bind(sockfd, (struct sockaddr*)&my_addr,sizeof(my_addr));
    if(err_log != 0)
    {
        perror("bind");
        close(sockfd);
        exit(-1);
    }
    err_log = listen(sockfd,10);
    if(err_log != 0)
    {
        perror("listen");
        close(sockfd);
        exit(-1);
    }
    printf("listen client @port=%d \r\n",port);

    struct sockaddr_in client_addr;
    char cli_ip[INET_ADDRSTRLEN] = "";
    socklen_t cliaddr_len = sizeof(client_addr);
    int connfd;
    /* 等待接收可连接的文件描述符 */
    while(1)
    {
        connfd = accept(sockfd, (struct sockaddr*)&client_addr, &cliaddr_len);
        if(connfd < 0)
        {
            perror("accept");
            exit(-1);
        }
        inet_ntop(AF_INET,&client_addr.sin_addr,cli_ip,INET_ADDRSTRLEN);
        printf("client ip=%s,port=%d\r\n",cli_ip,ntohs(client_addr.sin_port));

        pthread_t  tid;
        pthread_create(&tid,  NULL,(void  *)client_func,(void  *)connfd);
        pthread_detach(tid);//创建的线程为非阻塞状态，线程结束后自动回收资源
```

```
        }
        close(sockfd);//关闭监听套接字
        return  0;
}
void    *client_func(void *arg)
{
    int   connfd  =  (int)arg;
    char recv_buf[2048] = "";
    if(recv(connfd, recv_buf, sizeof(recv_buf),0)> 0)
    {
        printf("recv data:\r\n");
        printf("%s\r\n",recv_buf);
        char send_buf[512] = "";
        /* 发送消息 */
        printf("send:");
        fgets(send_buf, sizeof(send_buf),stdin);
        send_buf[strlen(send_buf)-1]=0;
        send(connfd, send_buf, strlen(send_buf),0);
    }
    close(connfd);
}
```

4.4.3 select

在 Linux 操作系统中，select 系统调用函数在套接字编程中的使用非常重要，初学套接字编程时很少使用 select 函数编写程序，而是习惯使用诸如 connect、accept、recv 等阻塞程序的函数（即程序执行到这些函数时必须等待某个事件的发生，如果事件没有发生，则程序被阻塞，不能立即返回）。

1. 函数原型

int select(int maxfd, fd_set *read_set, fd_set *write_set, fd_set *except_set, struct timeval *timeout);

2. 函数功能

select 函数可以实现非阻塞方式的程序，监听套接字描述符的变化情况——读、写或异常。

3. 头文件

#include <sys/select.h>。

4. 返回值

执行成功，返回做好准备的套接字描述符的个数；等待超时返回 0，执行错误返回-1。

5. 参数解释

maxfd：定义位图中有效的位的个数，是一个整数值，指集合中所有套接字描述符的范围，即所有套接字描述符的最大值加 1。

timeout：select 函数的超时时间，这个参数至关重要，它可以使 select 函数处于 3 种状态。第一，将 NULL 以形参传入，即不传入时间结构，将 select 函数置于阻塞状态，等到监听套接字描述符集合中某个套接字描述符发生变化为止。第二，将时间值设为 0 秒 0 毫秒，使其变成一个非阻塞函数，不管文件描述符是否有变化，都立刻返回继续执行，无变化则返回 0，有变化则返回一个正值。第三，timeout 的值大于 0，设置等待的超时时间，即 select 函数在 timeout 时间内阻塞，超时时间之内有事件到来则返回，否则在超时后无论如何一定返回，返回值同前述。timeout 存放在 timevar 结构体中，timevar 结构体包含在头文件#include <sys/types.h>和#include <sys/time.h>中，其代码如下。

```
struct timeval
{
    long tv_sec;     /* 秒 */
    long tv_usec;    /* 微秒 */
}
```

fd_set：select 函数对数据结构 fd_set 进行操作，它是由打开的套接字描述符构成的集合，使用 fd_set 声明变量，为变量赋一个同种类型变量的值，或者使用如下几个宏来设置值。

int FD_ZERO(fd_set *fdset);

FD_ZERO 宏将一个 fd_set 类型变量的所有位都设为 0，语句结构如下。

int FD_CLR(int fd, fd_set *fdset);

FD_CLR 用于清除某个位，语句结构如下。

int FD_SET(int fd, fd_set *fd_set);

FD_SET 将变量的某个位置为 fd 的值，语句结构如下。

int FD_ISSET(int fd, fd_set *fdset);

FD_ISSET 用来监听 fd 在 fd_set 指向的变量中是否被置位。

当声明一个套接字描述符集后，必须用 FD_ZERO 宏将所有位置 0，之后将感兴趣的描述符所对应的位置位，操作如下。

```
fd_set rset; //声明一个套接字描述符集
int fd;
FD_ZERO(&rset);
FD_SET(fd, &rset); //设置感兴趣的描述符
FD_SET(stdin, &rset); //设置标准输入描述符
```

select 返回后，用 FD_ISSET 测试给定位是否置位。

if(FD_ISSET(fd, &rset));

read_set：指向 fd_set 结构的指针，这个集合中包括读套接字描述符。要监听这些套接字描述符的读变化，即是否可以从这些套接字中读取数据，若集合中有一个文件可读，select 函数就会返回一个大于 0 的值，表示有套接字可读；若没有可读的文件，则根据 timeout 参数判断是否超时，若超出 timeout 的时间，则 select 函数返回 0，若发生错误，则返回负值。

该参数可以传入 NULL 值，表示不关心任何套接字的读变化。

write_set：指向 fd_set 结构的指针，这个集合中包括写套接字描述符。要监听这些套接字描述符的写变化，即是否可以向这些文件中写入数据，若集合中有一个文件可写，select 函数就会返回一个大于 0 的值，表示有文件可写；若没有可写的文件，则根据 timeout 参数判断是否超时，若超出 timeout 的时间，则 select 函数返回 0，若发生错误，则返回负值。

该参数可以传入 NULL 值，表示不关心任何套接字的写变化。

except_set：同 read_set 和 write_set 两个参数的意图，用来监听错误异常文件。

6. 返回值

（1）当监听的相应的套接字描述符集满足条件时，如读套接字描述符集中有数据到来，返回一个大于 0 的值，即连接的套接字描述符。

（2）当没有满足条件的套接字描述符，且设置的 timeval 监控时间超时时，select 函数会返回一个

为0的值。

（3）当select返回负值时，表示发生了错误。

7. 示例程序

程序清单4-8　select系统调用

```c
#include <stdio.h>
#include <stdlib.h>
#include <unistd.h>
#include <string.h>
#include <arpa/inet.h>
#include <sys/socket.h>
#include <netinet/in.h>

#define SERV_PORT 6666

int main(int argc, char *argv[])
{
    int i, j, n, maxi;
    int nready, client[FD_SETSIZE];
    /* 自定义数组client，防止遍历1024个文件描述符。FD_SETSIZE 默认为1024 */
    int maxfd, connfd, sfd, sockfd;
    char buf[512], str[16];           /* #define INET_ADDRSTRLEN 16 */

    struct sockaddr_in clie_addr, my_addr;
    socklen_t clie_addr_len;
    fd_set rset, allset;      /* rset 为读事件文件描述符集合，allset 用来暂存数据 */

    unsigned short port = 8000;     //服务器端口号

    /* main 函数传参*/
    if(argc > 1)                    //函数参数，可以更改服务器端口号
    {
        port = atoi(argv[1]);
    }

    /* 创建TCP 套接字*/
    sockfd = socket(AF_INET, SOCK_STREAM, 0);
    if(sockfd < 0)
    {
        perror("socket");
        exit(-1);
    }

    /* 组织本地信息*/
    bzero(&my_addr, sizeof(my_addr));
```

```c
    my_addr.sin_family = AF_INET;
    my_addr.sin_port = htons(port);
    my_addr.sin_addr.s_addr = htons(INADDR_ANY);

    /* 绑定信息 */
    int err_log = bind(sockfd, (struct sockaddr*)&my_addr,sizeof(my_addr));
    if(err_log != 0)
    {
        perror("bind");
        close(sockfd);
        exit(-1);
    }
    err_log = listen(sockfd,10);
    if(err_log != 0)
    {
        perror("listen");
        close(sockfd);
        exit(-1);
    }
    printf("listen client @port=%d \r\n",port);

    maxfd = sockfd;        /*初始 listenfd 即为最大文件描述符 */

    maxi = -1;          /* 将来用作 client[]的下标, 初始值指向第 0 个元素之前的下标位置 */
    for(i = 0; i < FD_SETSIZE; i++)
        client[i] = -1;                    /* 用-1 初始化 client[] */

    FD_ZERO(&allset);
    FD_SET(sockfd, &allset);            /* 构造 select 函数监控文件描述符集 */

    while(1)
    {
        rset = allset;                    /* 每次循环时都重新设置 select 监控信号集 */
        nready = select(maxfd+1, &rset, NULL, NULL, NULL);
        if(nready < 0)
            perror("select error");

        if(FD_ISSET(sockfd, &rset))
        {                        /* 说明有新的客户端连接请求 */
            clie_addr_len = sizeof(clie_addr);
            connfd = accept(sockfd, (struct sockaddr *)&clie_addr, &clie_addr_len);
            printf("received from %s at PORT %d\n",
                    inet_ntop(AF_INET, &clie_addr.sin_addr, str, sizeof(str)),
```

```c
                    ntohs(clie_addr.sin_port));

        for (i = 0; i < FD_SETSIZE; i++)
        {
            if (client[i] < 0) {            /* 查找 client[]中没有使用的位置 */
                client[i] = connfd;         /* 保存 accept 返回的文件描述符到 client[]中 */
                break;
            }
        }

        if (i == FD_SETSIZE) {              /* 到达 select 能监控的文件个数的上限 1024 */
            fputs("too many clients\n", stderr);
            exit(1);
        }

        FD_SET(connfd, &allset);            /* 向监控文件描述符集合 allset 添加新的文件描述符 connfd */
        if (connfd > maxfd)
            maxfd = connfd;                 /* select 第一个参数*/

        if (i > maxi)
            maxi = i;                       /* 保证 maxi 中保存的总是 client[]最后一个元素的下标 */

        if (--nready == 0)
            continue;
    }

    for(i = 0; i <= maxi; i++)
    {   /* 检测哪个 client 有数据就绪 */
        if((sfd = client[i]) < 0)
            continue;
        if(FD_ISSET(sfd, &rset))
        {
            if((n = read(sfd, buf, sizeof(buf))) == 0)
            {   /* 当 client 关闭连接时，服务器端也关闭对应连接 */
                close(sfd);
                FD_CLR(sfd, &allset);       /* 解除 select 对此文件描述符的监控 */
                client[i] = -1;
            }
            else if (n > 0)
            {
                printf("recv data:\r\n");
                printf("%s\r\n",buf);
                /* 发送消息 */
```

```
                printf("send:");
                fgets(buf, sizeof(buf),stdin);
                buf[strlen(buf)-1]=0;
                send(sfd, buf, strlen(buf),0);
            }
            if (--nready == 0)
                break;        /* 跳出 for 循环，但还在 while 循环中 */
        }
    }
    close(sockfd);
    return 0;
}
```

4.4.4 epoll

在 Linux 操作系统中，很长的时间都在使用 select 函数处理 TCP 的服务器并发问题。但在 Linux 操作系统的新内核中有了一种替换它的机制，即 epoll 系统调用函数。

内核中的 select 函数采用轮询来处理，轮询的套接字数目越多，自然耗时越多。相比于 select 函数，epoll 系统调用函数最大的好处在于它的效率不会随着监听套接字数目的增长而降低。

epoll 系统函数的接口非常简单，只有如下 3 个函数。

1. epoll_create 函数

（1）函数原型

```
int epoll_create(int size);
```

（2）函数功能

创建一个 epoll 句柄。

（3）函数参数

size：监听套接字的数目。

（4）返回值

执行成功，返回创建的 epoll 句柄。

2. epoll_ctl 函数

（1）函数原型

```
int epoll_ctl(int epfd, int op, int fd, struct epoll_event *event);
```

（2）函数功能

epoll 事件注册函数，通知内核要监听事件的类型。

（3）参数解释

epfd：epoll_create 函数返回的 epoll 句柄，失败时返回-1。

op：表示执行的动作，用 3 个宏来表示，EPOLL_CTL_ADD 表示注册新的套接字描述符到 epfd 中；EPOLL_CTL_MOD 表示修改已经注册的套接字描述符的监听事件；EPOLL_CTL_DEL 表示从 epfd 中删除一个套接字描述符。

fd：需要监听的套接字。

event：通知内核需要监听的事件。

struct epoll_event 的结构如下。

```
typedef union epoll_data {
        void *ptr;
        int fd;
        __uint32_t u32;
        __uint64_t u64;
} epoll_data_t;

struct epoll_event {
        __uint32_t events;    /* epoll 事件*/
        epoll_data_t data;    /* 用户数据*/
};
```

epoll 结构中的 events 可以是几个宏的集合，EPOLLIN 表示对应的套接字描述符可以读（包括对端 socketT 正常关闭）；EPOLLOUT 表示对应的套接字描述符可以写；EPOLLPRI 表示对应的套接字描述符有紧急的数据可读；EPOLLERR 表示对应的套接字描述符发生错误；EPOLLHUP 表示对应的套接字描述符被挂断；EPOLLET 表示将 EPOLL 设为边缘触发（Edge Triggered）模式，是相对于水平触发（Level Triggered）来说的；EPOLLONESHOT 表示只监听一次事件，当监听完这次事件之后，还需要继续监听这个套接字，需再次把这个套接字加入 EPOLL 队列。

（4）返回值

执行成功，返回 0；执行失败，返回-1。

3. epoll_wait 函数

（1）函数原型

`int epoll_wait(int epfd, struct epoll_event * events, int maxevents, int timeout);`

（2）函数功能

等待事件的产生。

（3）参数解释

epfd：epoll_create 函数返回的 epoll 句柄。

events：从内核得到的事件的集合。

maxevents：告知内核这个 events 的大小，值不能大于 epoll_create 函数创建时支持的套接字的数目。

timeout：超时时间，时间为 0 时会立即返回。

（4）返回值

执行成功，返回需要处理的事件数目；返回 0 表示已超时。

（5）示例程序

程序清单 4-9　服务器端 epoll 函数调用

```c
#include <stdio.h>
#include <stdlib.h>
#include <unistd.h>
#include <string.h>
#include <arpa/inet.h>
#include <sys/socket.h>
#include <netinet/in.h>
#include <sys/epoll.h>
```

```c
#include <fcntl.h>
#include <errno.h>

#define MAXLINE 5
#define LISTENQ 20

int main(int argc, char* argv[])
{
    int i,maxi,listenfd,connfd,sockfd,epfd,nfds,portnumber=8000;
    ssize_t n;
    char line[MAXLINE];
    socklen_t clilen;
    char buf[512];

    if( argc >= 2 )
    {
        if( (portnumber = atoi(argv[1])) < 0 )
        {
            fprintf(stderr,"Usage:%s portnumber/a/n",argv[0]);
            return 1;
        }
    }

    //声明 epoll_event 结构体的变量,ev 用于注册事件,数组用于回传要处理的事件
    struct epoll_event ev,events[20];
    //生成用于处理 accept 的 epoll 专用的文件描述符
    epfd=epoll_create(256);

    struct sockaddr_in clientaddr;
    struct sockaddr_in serveraddr;

    listenfd = socket(AF_INET, SOCK_STREAM, 0);
    if(listenfd < 0)
    {
        perror("listenfd");
        exit(-1);
    }

    //设置与要处理的事件相关的文件描述符
    ev.data.fd=listenfd;
    //设置要处理的事件类型
    ev.events=EPOLLIN|EPOLLET;
```

```
//注册 epoll 事件
epoll_ctl(epfd,EPOLL_CTL_ADD,listenfd,&ev);

/* 组织本地信息*/
bzero(&serveraddr, sizeof(serveraddr));
serveraddr.sin_family = AF_INET;
serveraddr.sin_port = htons(portnumber);
serveraddr.sin_addr.s_addr = htons(INADDR_ANY);

bind(listenfd,(struct sockaddr *)&serveraddr, sizeof(serveraddr));
listen(listenfd, LISTENQ);
maxi = 0;
while(1)
{
    //等待 epoll 事件的发生
    nfds=epoll_wait(epfd,events,20,500);
    //处理所发生的所有事件

    for(i=0;i<nfds;++i)
    {
        if(events[i].data.fd==listenfd)/*如果新监测到一个 socket 用户连接到了绑定的 socket 端口,
则建立新的连接*/
        {
            clilen = sizeof(clientaddr);
            connfd = accept(listenfd,(struct sockaddr*)&clientaddr, &clilen);
            if(connfd<0)
            {
                perror("connfd<0");
                exit(1);
            }

            char *str = inet_ntoa(clientaddr.sin_addr);
            printf("accapt a connection from \r\n");

            //设置用于读操作的文件描述符
            ev.data.fd=connfd;
            //设置用于注册的读操作事件
            ev.events=EPOLLIN|EPOLLET;
            //ev.events=EPOLLIN;
            //注册 ev
            epoll_ctl(epfd,EPOLL_CTL_ADD,connfd,&ev);
```

```c
            }
            else if(events[i].events&EPOLLIN)//如果是已经连接的用户，并收到了数据，则进行读入
            {
                printf("EPOLLIN \r\n");
                if( (sockfd = events[i].data.fd) < 0)
                    continue;
                if( (n = read(sockfd, line, MAXLINE)) < 0)
                {
                    if(errno == ECONNRESET)
                    {
                        close(sockfd);
                        events[i].data.fd = -1;
                    }
                    else
                        printf("readline error\r\n");
                }
                else if(n == 0)
                {
                    close(sockfd);
                    events[i].data.fd = -1;
                }
                line[n-1] = '\0';
                printf("recv:\r\n");
                printf("%s\r\n",line);

                //设置用于写操作的文件描述符
                ev.data.fd=sockfd;
                //设置用于注册的写操作事件
                ev.events=EPOLLOUT|EPOLLET;
                //修改 sockfd 上要处理的事件为 EPOLLOUT
                //epoll_ctl(epfd,EPOLL_CTL_MOD,sockfd,&ev);
            }
            else if(events[i].events&EPOLLOUT) // 如果有数据发送
            {
                sockfd = events[i].data.fd;
                printf("send:");
                fgets(buf, sizeof(buf),stdin);
                buf[strlen(buf)-1]=0;
                send(sockfd, buf, strlen(buf),0);

                //设置用于读操作的文件描述符
                ev.data.fd=sockfd;
```

```
                    //设置用于注册的读操作事件
                    ev.events=EPOLLIN|EPOLLET;
                    //修改 sockfd 上要处理的事件为 EPOLLIN
                    epoll_ctl(epfd,EPOLL_CTL_MOD,sockfd,&ev);
                }
            }
        }
        return 0;
    }
```

4.5 HTTP 通信

4.5.1 Web 服务器

Web 服务器也称为 WWW（World Wide Web）服务器，主要提供浏览互联网信息服务的功能，是互联网的多媒体信息查询工具，是互联网上近年才发展起来的服务，也是发展最快和目前使用最广泛的服务。有了 WWW 工具，互联网迅速发展，用户数量飞速增长。

（1）Web 服务器是一种被动程序，当互联网上运行其他设备的浏览器发出请求时，服务器才会响应。

（2）最常用的 Web 服务器是 Apache 和 Microsoft 的 Internet 信息服务（Internet Information Services，IIS）。

（3）当 Web 浏览器（客户端）连接到服务器并请求文件时，服务器将处理该请求并将文件反馈到该浏览器，附带的信息会告诉浏览器如何查看该文件（即文件类型）。服务器使用 HTTP 与客户端浏览器进行信息交流。

（4）Web 服务器不仅能够存储信息，还能在为用户提供信息的基础上运行脚本和程序。

4.5.2 HTTP

HTTP 是一个 Web 客户端和服务器端请求和应答的标准，该标准基于 TCP 实现。客户端是终端用户，服务器端是网站。通过使用 Web 浏览器、网络爬虫或者其他工具，客户端可以发起一个到服务器指定端口（默认端口为 80）的 HTTP 请求，这个客户端称为用户代理（User Agent）。应答服务器上存储着资源，如 HTML 文件和图像。

HTTP 的特点如下。

（1）支持 C/S 模式。

（2）简单快速，客户端向服务器请求服务时，只需传送请求方法和路径。常用的请求方法有 GET、HEAD、POST，它们分别规定了客户端与服务器联系的类型。由于 HTTP 简单，使得 HTTP 服务器的程序规模小，因而通信速度很快。

（3）灵活，HTTP 允许传输任意类型的数据对象。

（4）无连接服务器处理客户端的请求，并收到客户端的应答后，断开连接，限制每次连接只处理一个请求，采用这种方式可以节省传输时间。

（5）HTTP 是无状态协议。无状态是指协议对于事务处理没有记忆能力，意味着如果后续处理需要前面的信息，则它必须重传，可能导致每次连接传送的数据量增大。

4.5.3 HTTP 通信流程

一次 HTTP 通信称为一个事务，其工作过程可分为四步，如图 4-5 所示。

（1）客户端与服务器需要建立 TCP 连接，即完成 TCP 三次握手。单击某个超链接，HTTP 开始工作。

（2）建立连接后，客户端发送一个请求给服务器，请求的格式为统一资源标识符、协议版本号、请求修饰符、客户端信息等。

（3）服务器接到请求后，给予相应的响应信息，其格式为一个状态行，包括信息的协议版本号、一个成功或错误的代码、服务器信息、实体信息等。

（4）客户端接收服务器所返回的信息，并通过浏览器显示在用户的显示屏上，最后，客户端与服务器断开连接。

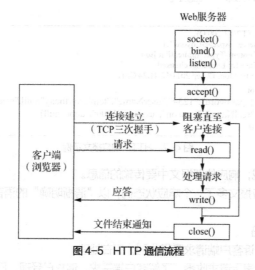

图 4-5 HTTP 通信流程

4.5.4 HTTP 报文解析

1. HTTP 请求报文示例

HTTP 请求报文由 5 部分组成，包括请求方法、请求 URL、报文协议及版本、报文头、报文体，如图 4-6 所示。

图 4-6 HTTP 请求报文示例

请求方法：GET 和 POST 是最常见的 HTTP 方法，大多数浏览器支持 GET 和 POST 方法。除此以外，还包括 DELETE、HEAD、OPTIONS、PUT、TRACE。

请求对应的 URL：和报文头的 Host 属性组成完整的请求 URL。

报文头：包含若干个属性，格式为"属性名:属性值"，服务器据此获取客户端的信息。

报文体：它将一个页面表单中的组件值通过"参数 1=值 1&参数 2=值 2"的键值形式编码成一个格式化串，承载多个请求参数的数据。不止报文体可以传递请求参数，请求的 URL 也可以通过类似于"/chapter15/user.html?参数 1=值 1&参数 2=值 2"的方式传递请求参数。

2. HTTP 响应报文示例

HTTP 响应报文由 4 部分组成，包括报文协议及版本、状态码及状态描述、响应头、响应体，如图 4-7 所示。

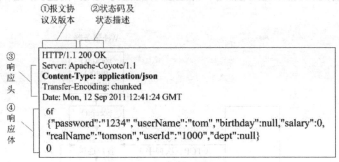

图 4-7　HTTP 响应报文示例

响应头由多个属性组成；响应体即报文中要传输的信息。

同请求报文相比，响应报文多了一个响应状态码，以"清晰明确"的语言告诉客户端本次请求的处理结果。

3. HTTP 响应状态码

1xx：消息，一般是告诉客户端请求已经收到，正在处理。

2xx：处理成功，一般表示请求收悉、了解客户端需求、请求已受理、已经处理完成等信息。

3xx：重定向到其他地址，让客户端再发起一个请求以完成整个处理。

4xx：处理发生错误，责任在客户端。例如，客户端请求一个不存在的资源、客户端未被授权、禁止访问等。

5xx：处理发生错误，责任在服务器。例如，服务器抛出异常、路由出错、HTTP 版本不支持等。

4. HTTP 请求报文格式

HTTP 请求报文格式如图 4-8 所示。

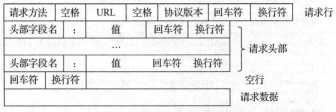

图 4-8　HTTP 请求报文格式

（1）请求行

请求行由请求方法字段、URL 字段和协议版本字段组成，每个字段之间用空格分隔，如 GET /index.html HTTP/1.1。

HTTP 的请求方法有 GET、POST、HEAD、PUT、DELETE、OPTIONS、TRACE 及 CONNECT 等。

① GET：最常见的一种请求方式，客户端要从服务器中读取文档时发送 GET 请求。通过单击网页上的超链接或者在浏览器的地址栏中输入网址来浏览网页，这里使用的是 GET 方法。GET 方法要求服务器将 URL 定位的资源放在响应报文的数据部分回送给客户端。使用 GET 方法时，请求参数和对应的值附加在 URL 后面，问号"?"代表 URL 的结尾与请求参数的开始，各个数据之间用符号&隔开。这种方式不适合传送私密数据。不同的浏览器对地址的字符限制也有所不同，一般最多只能识别 1024 个字符，如果需要传送大量数据，则不适合使用 GET 方法。

② POST：将请求参数封装在 HTTP 请求数据中，可以传输大量数据。POST 方法对传送的数据大小没有限制，也不会显示在 URL 中。POST 方法请求行中不包含数据字符串，这些数据保存在请求数据部分，数据之间使用符号&隔开，参数和参数值使用"参数=参数值"的形式存储。POST 方法大多用于页面的表单中。

③ HEAD：类似于 GET 请求方法，只是服务器接收到 HEAD 请求后只返回响应头，而不会发送响应内容。若只需要查看某个页面状态，则使用 HEAD 请求方法更高效，因为传输的过程中省去了页面内容。

（2）请求头部

请求头部由头部字段名、值组成，头部字段名和值用英文冒号":"分隔。请求头部通知服务器有关于客户端请求的信息，典型的请求头部介绍如下。

① User-Agent：产生请求的浏览器类型。
② Accept：客户端可识别的内容类型列表。
③ Host：请求的主机名，包括域名或 IP 地址和端口。

（3）空行

请求头部之后是一个空行，其中包含回车符和换行符，即通知服务器以下不再有请求头部。

（4）请求数据

请求数据不在 GET 方法中使用，而在 POST 方法中使用。POST 方法适用于需要客户填写表单的场合，与请求数据相关的请求头部是 Content-Type 和 Content-Length 关键字。

4.6 网络抓包工具

Wireshark 是一款免费开源的网络嗅探抓包工具，功能是撷取网络封包，并尽可能显示详细的网络封包信息。Wireshark 网络抓包工具使用 WinPCAP 作为接口，直接与网卡进行数据报文交换，可以实时检测网络通信数据。用户可以通过图形界面浏览这些数据，可以查看网络通信数据包中每一层的详细内容。它的强大特性体现为有较强显示过滤器语言和查看 TCP 会话重构流的能力，支持上百种协议和媒体类型。

4.6.1 报文抓取方法

下载安装 Wireshark 软件（Wireshark 版本不同，打开软件时的界面不一样，但功能一样，这里基于 Wireshark-v2.6.3 进行讲解），启动 Wireshark 并在接口列表中选择接口名，单击"开始抓包"按钮，如是已连接的网卡，则相应的接口会动态显示曲线；不可用网卡显示为直线。例如，在无线网络中抓取流量，可单击"无线网络连接"超链接，连接网络，如图 4-9 所示。

单击接口名称，可以看到实时接收的报文和 Wireshark 捕捉系统发送及接收的每一个报文。如果抓取的接口没有报文过滤条件，则会看到网络中的所有报文，如图 4-10 所示。

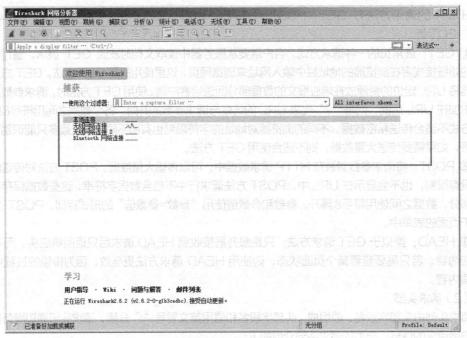

图 4-9 连接网络

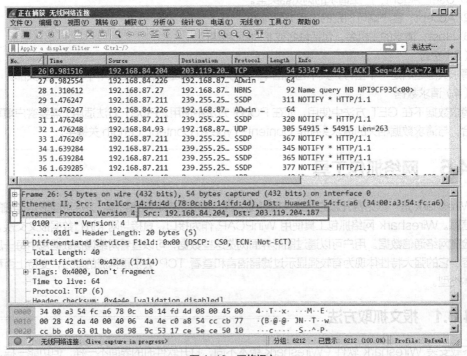

图 4-10 网络报文

显示结果的每一行对应一个网络报文，默认显示报文发送时间（Time）、源 IP 地址（Source）、目的 IP 地址（Destination）、使用协议（Protocol）、报文长度（Length）和报文相关信息（Info）。单击报文行，可以在下面的两个窗格中看到更多信息。单击"+"图标，可展示报文中每一层的详细信息，底端窗格同时以十六进制和 ASCII 码两种方式列出报文内容。

需要停止抓取报文时，可单击左上角的"停止捕获分组"按钮，如图 4-11 所示。

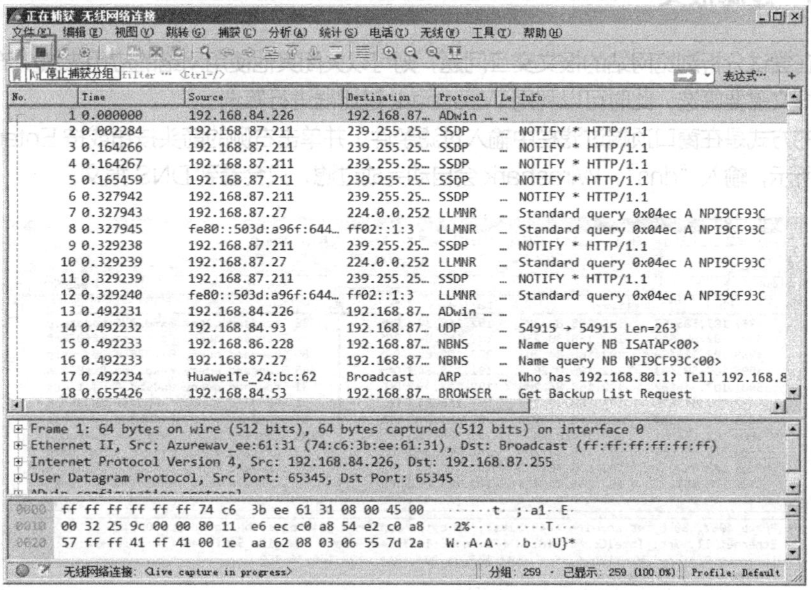

图 4-11 停止抓取报文

4.6.2 色彩标识

如图 4-12 所示，抓取的报文以绿色、蓝色、黑色显示，通过不同颜色使不同协议类型的报文一目了然。例如，默认绿色是 TCP 报文，深蓝色是 DNS 报文，浅蓝色是 UDP 报文，黑色标识有问题的 TCP 报文。

选择"视图→着色分组列表"命令，可以对颜色进行相关设置。

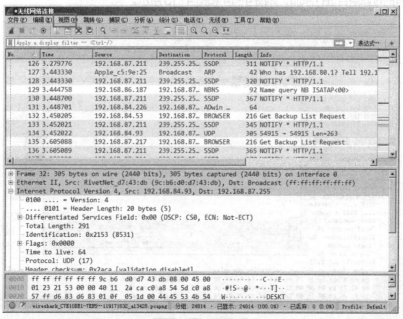

图 4-12 色彩标识

4.6.3 过滤报文

如果正在尝试分析浏览网站的报文交互问题，则可以关闭其他使用网络的应用来减少流量。但还是可能有大批报文需要筛选，此时可以利用 Wireshark 过滤器进行筛选。

最简单的方式是在窗口顶端过滤栏中输入过滤条件，并单击右侧的箭头按钮或按 Enter 键。例如，如图 4-13 所示，输入"dns"，Wireshark 会自动完成过滤，只会看到 DNS 报文。

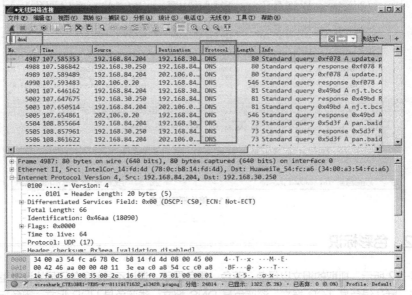

图 4-13 过滤报文

选择"分析→显示过滤器"命令，可以创建新的过滤条件，单击"+"按钮即可添加新的过滤条目，或者选择已有的过滤条目进行添加，如图 4-14 和图 4-15 所示。

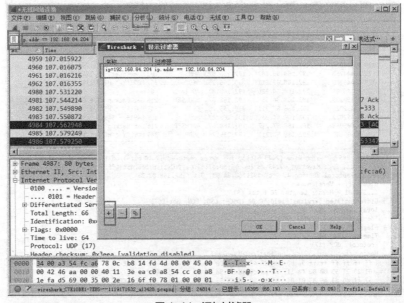

图 4-14 添加过滤器

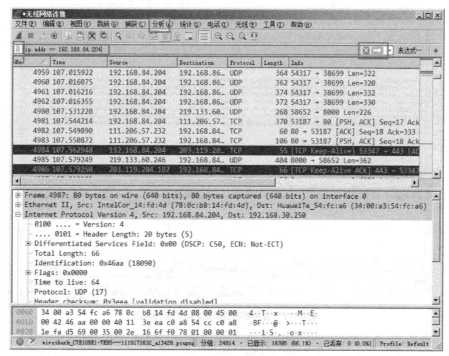

图 4-15 过滤 IP

如图 4-16 所示,选中并右键单击一条报文,在弹出的快捷菜单中选择"追踪流"命令,对于选中的是 TCP 报文还是 UDP 报文,直接单击相应的流进行分析即可。

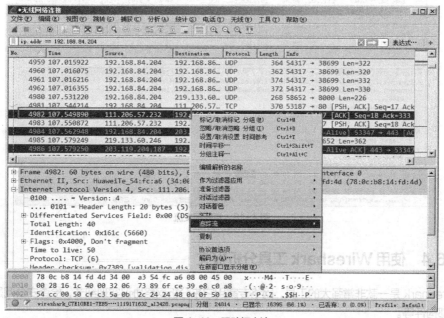

图 4-16 跟踪报文流

图 4-17 展示了服务器和目标端之间的全部会话。

关闭窗口之后,会发现过滤条件自动被引用,Wireshark 显示了构成选中会话的报文,即实现了查找报文流功能,如图 4-18 所示。

图 4-17 服务器和目标端之间的全部会话

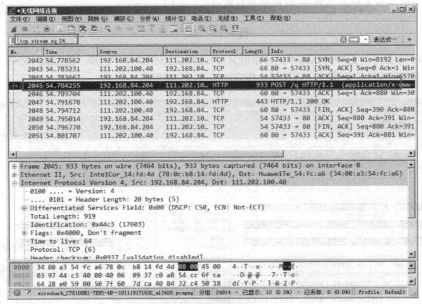

图 4-18 查找报文流

4.6.4 使用 Wireshark 工具分析报文

Wireshark 是一款非常强大的工具，网络专家用它来分析网络协议实现细节，检查安全问题和网络协议内部构件等。

1. TCP 报文

在 TCP 通信流程中，通过三次握手建立一个连接，这一过程涉及三种报文，包括 SYN、SYN/ACK、ACK。

首先，找到计算机发送到网络服务器的第一个 SYN 报文，这标识了 TCP 三次握手的开始。如果找不到第一个 SYN 报文，则可以选择"编辑→查找分组"命令，选择"显示过滤器"选项，输入过滤条件"tcp&&tcp.flags.syn==1"，单击"查找"按钮，之后报文中的第一个 SYN 报文就会高亮显示，被选中的报文显示为灰色，未被选中的报文按照 Wireshark 工具对协议的色彩标识进行显示，如图 4-19 所示。

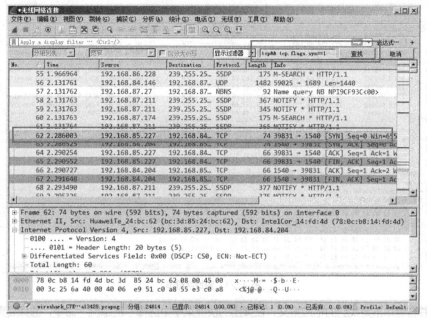

图 4-19 过滤 TCP 报文

直接在"显示过滤器"控制栏中输入过滤条件也可以，如图 4-20 所示。

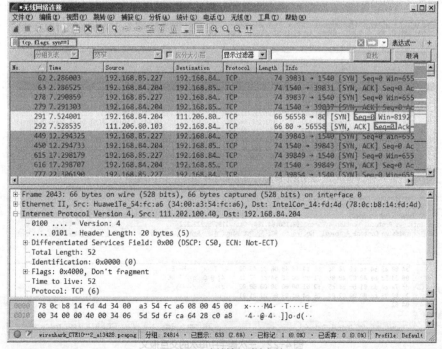

图 4-20 直接输入过滤条件

Wireshark 工具可通过搜索字符串或十六进制内容找到要查找的报文。如图 4-21 所示，在"显示过滤器"控制栏中选择要查找的报文类型并输入查找内容，单击"查找"按钮即可。

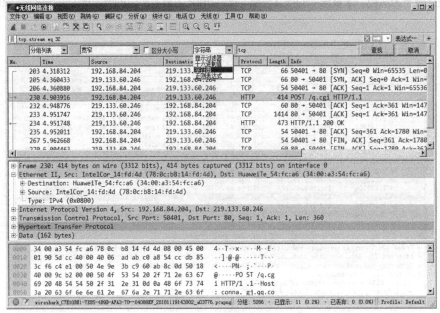

图 4-21　查找字符串

选中并右键单击查找到的相应报文，在弹出的快捷菜单中选择"追踪流"命令，选择高亮的报文类型，即可显示一条报文流，即 TCP 建立连接三次握手的第一个会话。

关闭找开的窗口，Wireshark 会只显示所选 TCP 报文流。现在可以分辨出三次握手中每次的交互报文，如图 4-22 所示。

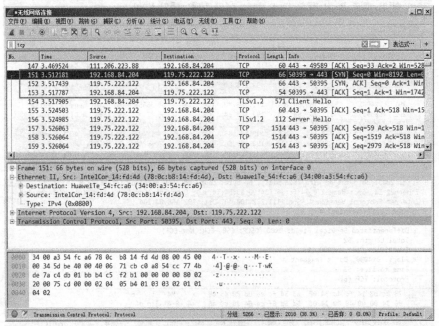

图 4-22　三次握手中每次的交互报文

图 4-22 中显示的 151 号报文是从客户端发送至服务器端的 SYN 报文，此报文用于与服务器保持同步，确保客户端和服务器的通信按次序传输。SYN 报文的头部有一个 32 位的序列号。底端窗格中显示了报文的一些相关信息，如报文类型、序列号等。

图 4-22 中显示的 152 号报文是服务器的响应 SYN/ACK 报文。服务器接收到客户端的 SYN 报文后，读取报文的序列号并且使用此序列号作为响应，告知客户端服务器接收到了 SYN 报文，对原 SYN 报文序列号加 1 作为响应序列号，客户端便知道服务器可以接收报文。

图 4-22 中显示的 153 号报文是客户端对服务器发送的 ACK 报文，告诉服务器接收到了 SYN/ACK 报文；客户端也将序列号加 1，此包发送完毕，客户端和服务器进入连接建立完成（ESTABLISHED）状态，完成三次握手。

TCP 通信中，如果没有数据交互，则可通过 TCP 四次挥手交互流程终止连接，过程中发送的是 FIN 和 ACK 报文，如图 4-23 所示。当服务器结束传送数据后，就发送 FIN/ACK 报文给客户端，此报文表示结束连接；接下来客户端返回 ACK 报文，并且对 FIN/ACK 中的序列号加 1，这表示客户端不能向服务器发送数据。要结束服务器同客户端的数据通信，客户端要向服务器发起这一过程，表示双方都结束连接，完成 TCP 四次挥手断开连接。

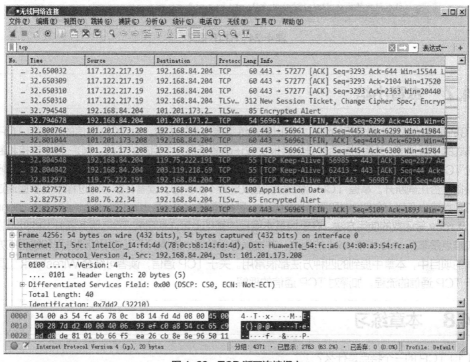

图 4-23　TCP 断开连接报文

2. HTTP 报文

HTTP 报文如图 4-24 所示，在 Wireshark 工具中过滤 "http" 报文（过滤条件不区分英文字母的大小写），可以显示抓取接口中的所有 HTTP 报文。

如图 4-24 所示，报文中包括一个 GET 请求，当 HTTP 发送初始 GET 请求之后，TCP 继续数据传输过程。在连接过程中，HTTP 会从服务器请求数据，发送 GET 请求，使用 TCP 将数据传回客户端。服务器携带请求的数据回传信息 "HTTP 200 OK"，告知客户端请求有效。如果服务器端没有被客户端许可，则返回信息 "403 Forbidden"。如果服务器端找不到客户端所请求的目标，则返回 404 错误，具体报文内容需要读者根据 HTTP 的报文格式进行具体分析，这里不做详细介绍。

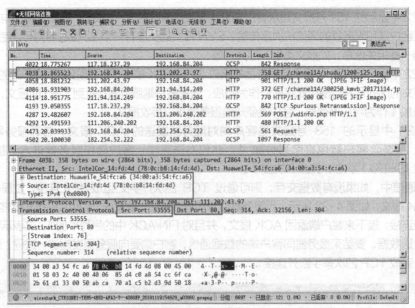

图 4-24 HTTP 报文

4.7 本章小结

TCP 是网络编程中最常用的协议，所以要熟练掌握本章的内容。对 TCP 通信的特点和 TCP 报文头部格式的了解程度，关系到能否正确组装报文或正确解析报文中相应的字段。TCP 建立连接和断开连接对应 TCP 三次握手和四次挥手报文交互流程，使用网络抓包工具可判断 TCP 的连接是否正确建立、断开连接是否正确断开。掌握 TCP 网络编程函数是必不可少的，读者在学习的过程中要掌握通过套接字接口函数建立 TCP 的客户端和服务器的方法，熟练掌握 socket、bind、listen、accept、connect、send 及 recv 等函数的使用方法，在掌握基本编程的基础上可详细研究 TCP 服务器并发的处理方法，重点和难点是掌握 select 和 epoll 的用法，并发服务器数量少的情况下可选用创建进程和线程的方法，在不同的项目中，本章中提到的四种方法都很常用。关于 TCP 通信，读者可结合 Wireshark 工具的使用分析 TCP 通信的流程，加深对 TCP 通信的理解。

4.8 本章练习

（1）TCP 的三个特点是什么？
（2）TCP 建立连接的三次握手流程是怎样的？
（3）TCP 断开连接的四次挥手流程是怎样的？
（4）练习使用 TCP 编程函数 socket、bind、listen、accept、connect、send、recv 等。
（5）怎样使用 fork 函数创建进程？
（6）怎样使用 pthread 系列函数创建线程？
（7）怎样使用 select 函数或 epoll 系列函数处理 I/O 服务问题？
（8）练习使用 Wireshark 抓包工具抓取 TCP 报文，并对该报文进行分析。

第 5 章
UDP编程

UDP 是 OSI 七层协议体系结构模型中一种面向无连接的运输层协议,提供面向事务的简单且不可靠的信息传送服务。

本章主要介绍基于 UDP 的网络编程,首先介绍 UDP 的特点和报文封装格式,然后介绍 UDP 编程函数,最后介绍基于 UDP 的 TFTP、广播和多播。

本章主要内容:
(1) UDP 的特点、UDP 报文首部的封包格式及各字段的含义和作用;
(2) 基于 UDP 的服务器和客户端搭建,以及编程函数的使用;
(3) TFTP 报文封包格式及 TFTP 报文交互流程;
(4) 广播协议的工作原理和编程技巧;
(5) 多播协议的工作原理和编程技巧。

5.1 UDP 概述

UDP 在网络中与 TCP 一样用于处理数据,是一种面向无连接的协议。在 OSI 七层协议体系结构模型第四层——运输层,处于 IP 的上一层。UDP 的缺点是不提供数据报分组、组装和不能对数据报进行排序,也就是说,当报文发送之后,无法得知数据是否安全、是否完整地发送到目的地。UDP 常用来支持那些需要在计算机之间传输数据时,只要求传输速度,而不要求传输可靠性的网络应用,包括网络视频会议系统在内的众多 C/S 模式的网络应用,都需要使用 UDP 传输数据。UDP 从问世至今已经使用了很多年,今天 UDP 仍然不失为一个非常实用和可行的运输层网络协议。

5.1.1 UDP 的主要特点

(1) UDP 是面向无连接的传输协议,即发送数据之前不需要建立连接,减少了开销和发送数据之前的时延。

(2) UDP 尽最大努力交付,不保证可靠交付,主机不需要维持复杂的连接状态表。

(3) UDP 是面向报文的。发送方的 UDP 对应用层传输下来的报文添加首部后向下交付给网际层。UDP 对应用层传输下来的报文既不合并,也不拆分,而是保留这些报文的边界。应用层交给 UDP 多长的报文,UDP 按照原样发送,即一次发送一个报文,如图 5-1 所示。接收方的 UDP 对网际层传输上来的 UDP 用户数据报去除首部后原封不动地交付给应用层的应用进程,UDP 一次交付一个完整的报文。应用层必须选择合适大小的报文,若报文太长,则 UDP 交给网际层后,网际层在传送时需要进行分片,这会降低网际层的效率;若报文太短,则 UDP 交给网际层后,会使 IP 数据报首部的相对长度过大,这也会降低网际层的效率。

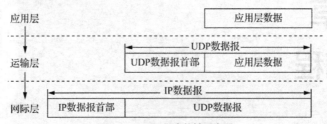

图 5-1 UDP 报文传输示意图

(4) UDP 没有拥塞控制。使用 UDP 通信时,网络出现的拥塞不会使源主机的发送速率降低。这对某些实时应用很重要,很多实时应用(如 IP 电话、实时视频会议等)要求源主机以恒定的速率发送数据报,允许在网络发生拥塞时丢失一些数据,但不允许数据有较长时延,UDP 可以满足这种要求。

(5) UDP 支持一对一、一对多、多对一和多对多的交互通信。

(6) UDP 的首部开销小,只有 8 字节,而 TCP 的首部需要 20 字节。

5.1.2 UDP 报文首部解析

UDP 有数据字段和首部字段两个字段。首部字段只有 8 字节,由 4 个字段组成,每个字段的长度都是 2 字节。如图 5-2 所示,各字段的意义如下。

(1) 源端口号:需要对端回复信息时选用,不需要时可用全 0。

(2) 目的端口号:在发送报文时使用。

(3) 长度:UDP 数据报的长度,最小长度为 8 字节(仅有首部长度,不包含具体数据的长度)。

(4) 校验和:检测 UDP 数据报在传输中是否有错,有错则丢弃。

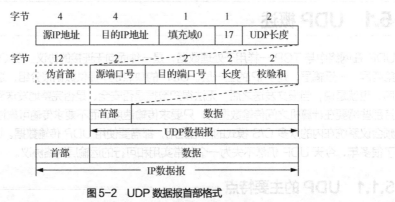

图 5-2 UDP 数据报首部格式

一个接收 UDP 数据报的应用程序必须提供产生和验证校验和的功能,但在使用 UDP 服务时,可以自由选择是否要求产生校验和。计算校验和时,要在 UDP 数据前增加 12 字节的伪首部。UDP 计算校验和的方法是对首部和数据部分一起校验。

5.1.3 UDP 端口的复用及分用

当运输层从网际层收到 UDP 数据时,根据首部中的目的端口号把 UDP 数据通过相应的端口上交到应用程序。如图 5-3 所示,从下向上是 UDP 基于端口分用图解,从上向下是基于端口的复用示意。复用与分用相比只是数据的传输方向相反。

第 5 章
UDP 编程

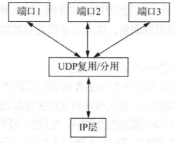

图 5-3　UDP 端口复用/分用示意

如果接收方 UDP 发现收到的报文中的目的端口号不正确（即不存在对应于该端口号的应用进程），就丢弃该报文，并由网际控制报文协议发送"端口不可达"差错报文给发送方。

5.2　UDP 网络编程

基于 UDP 的套接字通信编程与 TCP 通信类似，都是基于 C/S 模式。同 TCP 通信不同的是，UCP 通信中的客户端不与服务器建立连接，而是直接使用发送函数给服务器发送数据，其中必须指定目的地址。类似的，服务器不接受客户端的连接，而是调用接收函数，等待来自某个客户端的数据到达。UDP 的传输方式对于不要求数据传输稳定性，只对传输速度有要求的功能开发是最佳的选择。

5.2.1　UDP 通信流程建立

下面以简单的数据传输为例，介绍数据传输过程中客户端和服务器之间的通信流程，最终通过 Socket 接口函数实现通信过程。UDP 通信建立客户端与服务器的流程如图 5-4 所示。

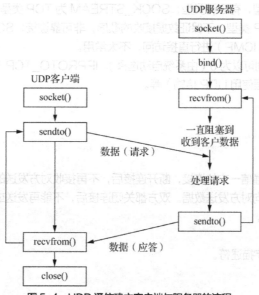

图 5-4　UDP 通信建立客户端与服务器的流程

1. UDP 服务器建立流程

（1）使用 Socket 接口函数建立一个 UDP 套接字。
（2）使用 bind 函数将创建的 UDP 套接字同 IP 地址和端口绑定。

73

（3）进入循环程序，使用 recvfrom 函数等待接收数据，进入等待状态，直到接收到客户程序发送的数据，对数据进行处理后向客户端发送消息，进入接收和发送数据的循环状态。

2. UDP 客户端建立流程

（1）使用 Socket 接口函数建立一个 UDP 套接字。

（2）使用 sendto 函数发送数据，并进入等待接收数据的循环状态，直到接收到服务器发送的数据，对数据进行处理后向服务器发送回复消息，进入循环发送和接收数据的状态。

在使用 Socket 接口函数实现 UDP 通信的流程中，使用的 API 主要有 socket、bind、sendto、recvfrom、close 函数等。UDP 通信使用 Socket 接口函数时，函数包含在 "sys/socket.h" 头文件中，下面的函数介绍不再单独说明包含的头文件。

5.2.2 编程函数

1. 创建连接函数

（1）函数原型

```
int socket(int domain, int type, int protocol);
```

（2）函数功能

初始化创建 Socket（套接字），是第一个调用的 Socket 接口函数，根据指定的地址协议族、数据类型和协议来分配一个套接字描述符及其所用的资源。如果调用成功，则返回新创建的套接字描述符；如果调用失败，则返回-1。套接字描述符是一个整数类型的值。每个进程的进程空间中都有一个套接字描述符表，该表中存放着套接字描述符和套接字地址结构体的对应关系，根据套接字描述符就可以找到其对应的套接字地址结构体。

（3）参数解释

domain：指明使用的协议族。

type：指明套接字类型，有3种类型，SOCK_STREAM 为 TCP 类型，保证数据顺序及可靠性；SOCK_DGRAM 为 UDP 类型，不保证数据接收的顺序，非可靠连接；SOCK_RAW 为原始类型，允许对底层协议（如 IP 或 ICMP）进行直接访问，不太常用。

protocol：协议，类别可以为 0（由系统自动选择）、IPPROTO_TCP（运输层使用 TCP 传输）、IPPROTO_UDP（运输层使用 UDP 传输）等。

2. 关闭连接函数

（1）函数原型

```
int close(int fd);
```

（2）函数功能

close 函数用于关闭通信一方的连接，断开连接后，不再接收对方发送的数据，在对方未关闭连接的情况下，关闭一方可以向对方发送数据。双方都关闭连接后，不能再发送或接收数据。函数执行成功返回 0，执行失败返回-1。

（3）参数解释

fd：需要关闭的套接字描述符。

3. 绑定函数

（1）函数原型

```
int bind(int sockfd, const struct sockaddr* myaddr, socklen_t addrlen);
```

（2）函数功能

将创建的套接字描述符绑定到指定的 IP 地址和端口上，是第二个调用的 Socket 接口函数。返回 0，表示绑定成功；返回-1，表示绑定出错。当 Socket 函数返回一个套接字描述符时，只是存在于其协议族的空间中,并没有分配一个具体的协议地址(指 IPv4/IPv6 地址和端口号的组合)。

服务器在启动时会绑定一个众所周知的协议地址,客户端通过该协议地址连接服务器。客户端可以指定 IP 地址或端口,也可以都不指定,未指定 IP 地址或端口时,系统会随机分配端口为连接服务器使用。

(3)参数解释

sockfd:Socket 接口函数返回的套接字描述符。

myaddr:指向 sockaddr 结构体的指针,指明要绑定的 IP 地址和端口号。

addrlen:表示 myaddr 结构的长度,可以用 sizeof 操作符获得。

(4)绑定案例

利用下方的赋值语句,可以自动绑定本地 IP 地址和随机端口。

① 系统随机选择一个未被使用的端口号的语句如下。

my_addr.sin_port = 0;

② 填入本地 IP 地址的语句如下。

my_addr.sin_addr.s_addr = INADDR_ANY;

> **注意** 一般将端口号置为大于 1024 的值,因为 1~1024 是周知端口号,可以使用大于 1024 且没有被占用的端口号。

(5)示例程序

程序清单 5-1　绑定 socket 伪代码

```
int err_log = 0;
unsigned short port = 8000;
/*填充地址结构体*/
struct sockaddr_in my_addr;
bzero(&my_addr,sizeof(my_addr));
my_addr.sin_family = AF_INET;
my_addr.sin_port = htons(port);
my_addr.sin_addr.s_addr = htons(INADDR_ANY);
err_log = bind(sockfd, (struct sockaddr*)& my_addr, sizeof(my_addr));
if(err_log != 0)
{
    perror("bind");
    close(sockfd);
    exit(-1);
}
```

4. 发送函数

(1)函数原型

int **sendto**(int sockfd, const void *msg, int len, unsigned int flags, const struct sockaddr *dst_addr, int addrlen);

(2)函数功能

sendto 函数用于非可靠连接的数据传输,由指定的套接字描述符传送给目的应用程序。函数执行成功,返回实际传送出去的字符数,执行失败,返回-1。

（3）参数解释

sockfd：发送端套接字描述符。

msg：待发送数据的缓冲区。

len：待发送数据的字节长度。

flags：套接字标志位，是一个或者多个标志的组合体，可通过"|"操作符连在一起，一般情况下置为0。MSG_DONTWAIT：设置为非阻塞操作。MSG_DONTROUTE：告知网际层协议目的主机在本地网络，不需要查找路由表。MSG_NOSIGNAL：表示发送动作不愿意被 SIGPIPE 信号中断。MSG_OOB：表示接收到需要优先处理的数据。

dst_addr：数据发送的目的地址。

addrlen：dst_addr 变量指向的 sockaddr 结构体存放数据的长度。

5. 接收函数

（1）函数原型

ssize_t recvfrom(int sockfd, void *buf, size_t nbytes,int flags, struct sockaddr *from, socklen_t *addrlen);

（2）函数功能

接收 UDP 数据。若正确接收数据，则返回接收到的字节数；若失败，则返回-1。

（3）参数解释

sockfd：标识一个已连接套接字的描述符。

buf：接收数据缓冲区。

nbytes：接收数据缓冲区的大小。

flags：套接字标志位，是一个或者多个标志的组合体，可通过"|"操作符连在一起，一般情况下置为0。MSG_DONTWAIT：设置为非阻塞操作。MSG_PEEK：指示数据接收后，在接收队列中保留原数据，不将其删除，随后的读操作还可以接收相同的数据。MSG_WAITALL：要求阻塞操作，直到接收的数据长度为 nbytes 大小，如果捕捉到信号、错误或者连接断开，或者下次被接收的数据类型不同，则会返回少于请求量的数据。MSG_OOB：表示接收到需要优先处理的数据。

from：源地址结构体指针，用来保存数据的来源。

addrlen：from 变量指向的 sockaddr 结构体存放数据的长度。

注意 通过 from 和 addrlen 参数存放数据来源信息时，from 和 addrlen 可以为 NULL，表示不保存数据来源。

（4）UDP 通信的客户端代码示例

程序清单 5-2　建立 UDP 客户端

```
#include <stdio.h>
#include <stdlib.h>
#include <string.h>
#include <unistd.h>
#include <sys/socket.h>
#include <netinet/in.h>
#include <arpa/inet.h>
int main( int argc, char *argv[] )
{
    unsigned short port = 8000;
```

```c
        if( argc > 1)      //服务器端口号
        {
            port = atoi(argv[1]);
        }

        int sockfd;
        sockfd = socket(AF_INET, SOCK_DGRAM, 0);
        if(sockfd < 0)
        {
            perror("socket");
            exit(-1);
        }
        struct sockaddr_in dest_addr;
        bzero(&dest_addr,sizeof(dest_addr));
        dest_addr.sin_family = AF_INET;
        dest_addr.sin_port = htons(port);


        while(1)
        {
            /* 发送数据 */
            char send_buf[512] = "";
            printf("client send:");
            fgets(send_buf,sizeof(send_buf),stdin);    //获取输入
            send_buf[strlen(send_buf)-1] = '\0';
            sendto(sockfd, send_buf,strlen(send_buf), 0,(struct sockaddr*)&dest_addr, sizeof(dest_addr));

            int recv_len;
            char recv_buf[512] = "";
            char cli_ip[INET_ADDRSTRLEN]="";    // INET_ADDRSTRLEN = 16
            struct sockaddr_in client_addr;
            socklen_t cliaddr_len = sizeof(client_addr);
            /*接收数据*/
            recv_len=recvfrom(sockfd, recv_buf, sizeof(recv_buf), 0 , (struct sockaddr*)&client_addr, &cliaddr_len);
            inet_ntop(AF_INET, &client_addr.sin_addr, cli_ip, INET_ADDRSTRLEN);
            printf("ip:%s, port:%d\n", cli_ip, ntohs(client_addr.sin_port));
            printf("data(%d):%s\n", recv_len, recv_buf);
        }
        close(sockfd);
        return 0;
    }
```

(5) UDP 通信的服务器代码示例

程序清单 5-3　建立 UDP 服务器

```c
#include <stdio.h>
#include <stdlib.h>
#include <string.h>
#include <unistd.h>
#include <sys/socket.h>
#include <netinet/in.h>
#include <arpa/inet.h>
int main(int argc, char *argv[] )
{
    unsigned short port = 8000;        //服务器端口号
    if( argc > 1)
    {
        port = atoi(argv[1]);
    }
    int sockfd;
    sockfd = socket(AF_INET, SOCK_DGRAM, 0);
    if(sockfd < 0)
    {
        perror("socket");
        exit(-1);
    }
    struct sockaddr_in my_addr;
    bzero(&my_addr,sizeof(my_addr));
    my_addr.sin_family = AF_INET;
    my_addr.sin_port = htons(port);
    my_addr.sin_addr.s_addr = htons(INADDR_ANY);
    printf("Binding server to port %d \n", port);
    int err_log = 0;
    err_log = bind(sockfd, (struct sockaddr*)& my_addr, sizeof(my_addr));
    if(err_log != 0)
    {
        perror("bind");
        close(sockfd);
        exit(-1);
    }
    printf("seceive data !\n");
    while(1)
    {
        int recv_len;
        char recv_buf[512] = "";
        char cli_ip[INET_ADDRSTRLEN]="";   // INET_ADDRSTRLEN = 16
```

```c
        struct sockaddr_in client_addr;
        socklen_t cliaddr_len = sizeof(client_addr);
        /*接收数据*/
        recv_len=recvfrom(sockfd, recv_buf, sizeof(recv_buf), 0, (struct sockaddr*)&client_addr, &cliaddr_len);
        inet_ntop(AF_INET, &client_addr.sin_addr, cli_ip, INET_ADDRSTRLEN);
        printf("ip:%s, port:%d\n", cli_ip, ntohs(client_addr.sin_port));
        printf("data(%d):%s\n", recv_len, recv_buf);
        /*发送数据*/
        char send_buf[512] = "";
        printf("server send:");
        fgets(send_buf,sizeof(send_buf),stdin);      //获取输入
        send_buf[strlen(send_buf)-1] = '\0';
        sendto(sockfd, send_buf,strlen(send_buf), 0,(struct sockaddr*)&client_addr, sizeof(client_addr));
    }
    close(sockfd);
    return 0;
}
```

客户端的本地 IP 地址、本地端口是调用 sendto 函数时 Linux 操作系统自动给客户端分配的，分配端口的方式为随机分配，即每次运行后，系统分配的端口都不一样；客户端也可以用 bind 函数使本地端口固定，这样客户端也可作为接收端使用。

服务器可调用 bind 函数使本地端口固定，便于客户端通过端口号寻找到服务器端。同样，也可以绑定 IP 地址，两者选其一或者都绑定，这样对于 UDP 通信就没有严格意义上的客户端和服务器，这一点读者需要理解。

5.3 TFTP

5.3.1 TFTP 概述

1. 相关概念

TFTP 是基于 UDP 实现的协议，是 TCP/IP 协议族中客户端与服务器之间进行简单文件传输的协议，提供不复杂、开销不大的文件传输服务，端口号默认为 69。任何传输起自一个读取或写入文件的请求都是连接请求。若服务器批准此请求，则服务器打开连接，数据以定长 512 字节传输。每个数据报包含一块数据，服务器发出下一个数据报之前必须得到客户端对上一个数据报的确认。如果一个数据报小于 512 字节，则表示传输结束。如果数据报在传输过程中丢失导致发出方未收到对方的确认数据报，则超时后重新传输最后一个未被确认的数据报。通信的双方都是数据的发出者与接收者，一方传输数据接收应答，另一方发出应答接收数据。数据报发送或接收错误会导致连接中断，错误由一个错误的数据报引起，这个数据报不会被确认，也不会被重新发送，另一方无法接收到。若错误数据报丢失，则使用超时机制，错误主要由三种情况引起，一是包含不能满足的请求，二是收到的数据报内容错误，三是这种错误不能由时延或重发解释。TFTP 只在一种情况下不中断连接，这种情况就是源端口不正确，在这种情况下，错误的数据报会被发送到源机。

2. TFTP 的特点

TFTP 基于 UDP 实现，一个 TFTP 数据报会先封装 UDP 报文首部，再封装 IP 报文首部后发出，其封装格式如图 5-5 所示。TFTP 报文使用 UDP 报文中的目的 IP 地址、端口和源 IP 地址、端口发送到接收端。

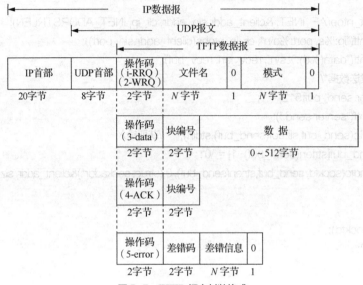

图 5-5　TFTP 报文封装格式

（1）TFTP 可应用于 UDP 环境。例如，需要将数据同时向多台设备下发时，往往需要使用 TFTP 发送数据。

（2）TFTP 代码所占内存较小。这个特点对于较小内存的计算机或者某些特殊用途的设备非常重要，其不需要硬盘，只需要固化了 TFTP、UDP 和 IP 的小容量只读存储器即可。当电源接通后，设备执行只读存储器中的代码，在网络上广播一个 TFTP 请求，网络上的 TFTP 服务器收到请求后回复响应。这种方式增加了灵活性，也减少了开销。

（3）不需要客户端和服务器之间的认证即可直接连接。

3. TFTP 数据传输模式

（1）octet：二进制传输模式。
（2）netascii：文本传输模式。

5.3.2　TFTP 报文分析

1. TFTP 报格式

TFTP 共定义了 6 种不同类型的报文格式，如图 5-6 所示，报文的作用由报文前两个字节的操作码（Opcode）字段区分。

（1）读文件请求报文：RRQ，对应 Opcode 字段值为 1。
（2）写文件请求报文：WRQ，对应 Opcode 字段值为 2。
（3）文件数据报文：DATA，对应 Opcode 字段值为 3。
（4）回应报文：ACK，对应 Opcode 字段值为 4。
（5）错误信息报文：ERROR，对应 Opcode 字段值为 5。
（6）选项确认报文：OACK，对应 Opcode 字段值为 6。

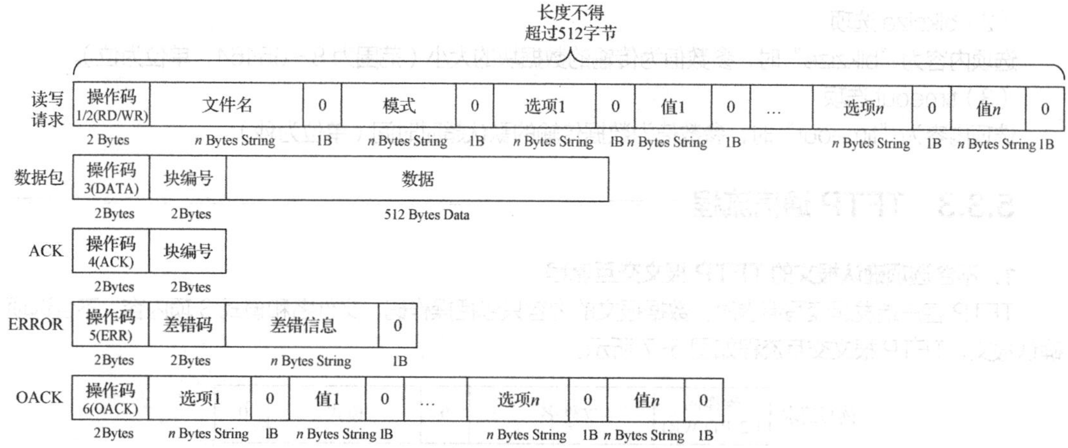

图 5-6 TFTP 报文格式

(报文格式示意图：读写请求、数据包、ACK、ERROR、OACK)

> **注意**
> TFTP 报文封装格式中使用 0 分隔各个字段，0 代表的是结束符 '\0'，不是数字 0 等含义。

2. 错误信息报文

ERROR 错误信息报文中差错码和差错信息的对应关系如表 5-1 所示。

表 5-1 ERROR 错误信息报文中差错码和差错信息的对应关系

差错码	差错信息
0	未定义，具体参见错误信息
1	未找到文件
2	访问冲突
3	磁盘已满或超出分配
4	非法的 TFTP 操作
5	未知的传输 ID
6	文件已存在
7	没有这个用户
8	请求了不支持的选项

3. 选项确认报文

OACK 选项确认报文中的选项内容可以是如下所述 3 种情况。

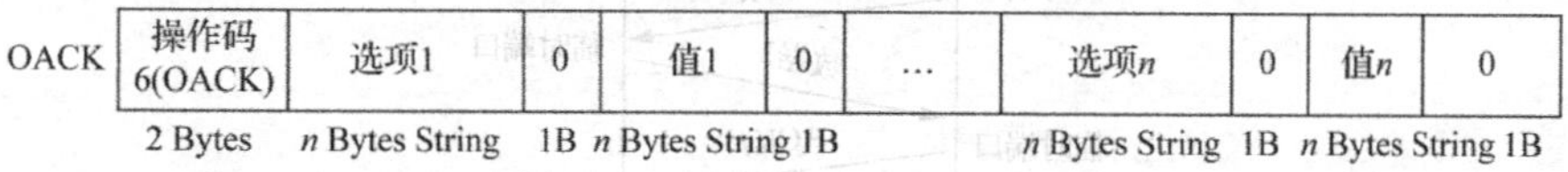

（1）tsize 选项

选项内容为"tsize"，读操作时，tsize 选项的参数值必须为"0"，服务器会返回待读取的文件的大小；写操作时，tsize 选项参数值为待写入文件的大小，服务器会回显该选项。

（2）blksize 选项

选项内容为"blkzize"时，参数值为传输的数据块的大小（范围为 8～65464，单位为位）。

（3）timeout 选项

选项内容为"timeout"时，参数值为数据传输的默认超时时间（单位为秒）。

5.3.3 TFTP 通信流程

1. 不含选项确认报文的 TFTP 报文交互流程

TFTP 客户端发起读写请求时，数据报文的内容只包括操作码、文件名和模式 3 项内容，不含选项确认报文，TFTP 报文交互流程如图 5-7 所示。

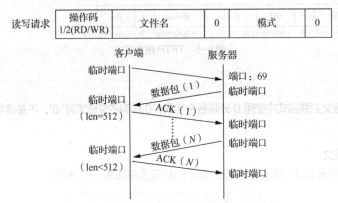

图 5-7 不含选项确认报文的 TFTP 报文交互流程

（1）服务器使用 69 号周知端口等待客户端的数据请求。

（2）服务器批准客户端请求后，使用临时端口与客户端进行通信。

（3）服务器传送的每个数据报都有编号（编号从 1 开始，顺序增加），数据报长度为 512 字节，数据小于 512 字节时表示传输结束。

（4）服务器的每个数据报都要得到客户端的 ACK 回应报文才能传送下一个数据报。如果服务器接收 ACK 回应报文超时，则超时的原因可能有两种，一种是客户端没有收到服务器发送的数据，另一种是客户端没有发送 ACK 回应报文，两种超时原因都需要服务器重新发送最后的数据报或客户端重新发送 ACK 回应报文。

2. 含选项确认报文的 TFTP 报文交互流程

含选项确认报文的 TFTP 报文交互流程如图 5-8 所示。

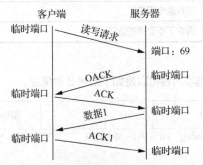

图 5-8 含选项确认报文的 TFTP 报文交互流程

（1）服务器使用 69 号周知端口等待客户端的数据请求。

（2）服务器收到带选项的请求数据报文后回复选项确认报文 OACK。

（3）客户端收到选项确认报文后，向服务器发送 ACK 回应报文。

（4）服务器收到回应报文后，若批准客户端请求，则使用临时端口与客户端进行通信并发送数据，服务器传输数据的长度为 512 字节，数据小于 512 字节时表示传输结束。

（5）服务器的每个数据报都要得到客户端的 ACK 回应报文才能传送下一个数据报。同样，如果服务器接收 ACK 回应报文超时，则超时的原因可能有两种，一种是客户端没有收到服务器发送的数据，另一种是客户端没有发送 ACK 回应报文，两种超时原因都需要服务器重新发送最后的数据报或客户端重新发送 ACK 回应报文。

3. 含有错误码的 TFTP 报文解析

含有错误码的 TFTP 报文如图 5-9 所示，提供了 Linux 操作系统下客户端的 TFTP 发送报文和接收报文的信息。

图 5-9　含有错误码的 TFTP 报文

（1）解析客户端发送的请求数据

在应用层接收的报文是去除了运输层 UDP 报文首部后的 TFTP 数据报。从数据在内存中的起始地址 0x0x22c4b0 开始查看，根据 TFTP 报文封装格式查看，数据前两个字节即操作码，起解析发送数据的作用。Linux 操作系统中一般将报文数据以十六进制形式输出，以方便开发人员解读。

前两个字节的十六进制数字显示为 0001，对应操作码为 01，即发送读文件请求包，操作码后面、第一个'\0'数据前面的数据内容为请求的文件名，'\0'后的数据为请求数据传输模式（二进制模式或文本模式），数据报以'\0'结尾，后面是带选项的请求数据报。

（2）解析客户端接收的错误数据

同样，从数据在内存中存放的起始地址开始查看，接收数据的起始地址为 0x0x22c4b0，数据中前两个字节是操作码的十六进制显示，为 0005，即收到的数据报为错误信息，除去前两个字节操作码后的两个字节是差错码，差错码显示为 0001，对应差错信息为 file not found（未找到文件）。

4. 正常交互的 TFTP 报文解析

正常交互的 TFTP 报文如图 5-10 所示，提供了 Linux 操作系统中客户端的 TFTP 发送报文和接收报文的信息。

（1）解析客户端发送的请求数据

发送：数据前两个字节操作码显示为十六进制 0001，即发送读文件请求报文，操作码后面、第一个'\0'数据前面的数据内容为请求的文件名，请求模式和带选项的请求数据分别以'\0'分隔每个字段。

（2）解析客户端接收的选项确认报文

接收：数据前两个字节操作码显示为十六进制 0006，即选项确认报文。

（3）解析客户端发送的回应报文

发送：收到服务器的 OACK 选项确认报文后，客户端发送操作码为十六进制 0004 的 ACK 回应报文，该回应报文是第一条数据，因此块编号为十六进制 0000。

（4）解析客户端接收的数据报

接收：数据前两个字节操作码显示为十六进制 0003，即收到数据报，后面两个字节是十六进制块编号 0001，当前收到的数据是第一块数据，数据报大小为 512 字节。

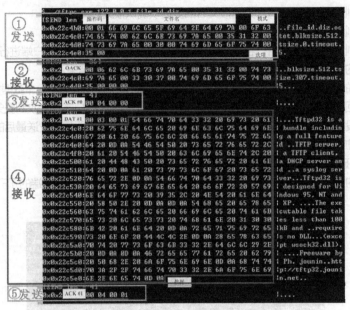

图 5-10　正常交互的 TFTP 报文

（5）解析客户端发送回应报文

发送：客户端收到数据后，要回复服务器 ACK 回应报文，对应的操作码是十六进制 0004，该 ACK 是客户端发送的第二条回应报文，对应的 2 字节块编号为十六进制 0001。

5.4　广播

在生活中，"广播"无处不在，如大街上卖物品的商人推广产品时常使用一个扩音器来进行吆喝，这种叫卖的形式就是一种广播。

5.4.1　广播协议

计算机网络中，"广播"是指由一台主机向该主机所在子网内的所有其他主机发送数据的方式。广播协议基于 UDP 实现，广播在网络中的应用较多，如设备通过 DHCP 主动获得 IP 地址，实现网络时间同步使用的网络时间协议（Network Time Protocol，NTP），同样，在访问域名时使用的地址解析协议（Address Resolution Protocol，ARP），以上 3 种协议都使用广播通知服务器，且广播只能使用 IPv4 地址进行发送，不支持使用 IPv6 地址。通常，客户端使用广播发送数据到能连接到的所有设备上。

5.4.2　广播地址

广播地址是专门用于同时向网络中的所有设备发送数据的一个地址。在使用 TCP/IP 的网络中，1 字节的网络地址为全 1 的 IP 地址为广播地址，广播分组传送给 3 字节的主机地址段所涉及的所有设备。根据广播地址传送范围的不同，可将广播地址分为 4 种类型。

1. 受限的广播地址

受限的广播地址为 255.255.255.255。该地址在设备配置过程中用作 IP 数据报的目的地址。

需要注意的是，在任何情况下，路由器都不转发目的地址为受限的广播地址的数据到网络中，这样的广播数据仅出现在本地网络中。

2. 指向网络的广播地址

指向网络的广播地址是主机地址为全 1 的地址。例如，A 类网络广播地址 netid.255.255.255，其中 netid 为 A 类网络地址。

路由器必须转发指向网络的广播地址，也必须有一个不进行转发的选择。

3. 指向子网的广播地址

指向子网的广播地址为主机地址全 1 且有特定子网地址的地址。例如，路由器收到发往 128.1.2.255 的数据报，当 B 类网络 128.1 的子网掩码为 255.255.255.0 时，该地址是指向子网的广播地址；如果该子网的掩码为 255.255.254.0，则该地址不是指向子网的广播地址。

4. 指向所有子网的广播地址

指向所有子网的广播也需要了解目的网络的子网掩码，以便与指向网络的广播地址区分开，指向所有子网的广播地址的子网号及主机号为全 1。例如，如果目的子网掩码为 255.255.255.0，则 IP 地址 128.1.255.255 是一个指向所有子网的广播地址；如果网络没有划分子网，则这便是一个指向网络的广播。

5.4.3 广播编程

在创建 UDP 通信的基础上，设置 setsockopt 函数即可发送广播数据报，实现广播通信。例如，创建简单客户端的广播发送数据时，先创建连接，再设置 setsocket 函数允许发送广播数据，最后通过 sendto 函数发送广播数据。setsockopt 函数具体介绍如下。

1. 函数原型

int setsockopt(int s,int level,int optname,const char *optval, int optlen);

2. 函数功能

setsockopt 函数用于任意类型、任意状态字的选项值设置。不同协议层上也存在选项设置，但此函数定义了最高"套接字"层次上的选项。选项设置影响套接字的操作，如加急数据是否在普通数据流中接收、广播数据是否可以从套接字发送等。

3. 参数解释

s：标识一个套接字的描述符。

level：选项定义层次，目前支持 SOL_SOCKET、IPPROTO_TCP 和 IPPROTO_IP 三种值，广播中使用 SOL_SOCKET。

optname：需设置的选项，选项值参考表 5-2。

optval：指针，指向存放选项值的缓冲区。

optlen：optval 指向的缓冲区的长度。

表 5-2 setsockopt 函数参数列表

level	optname	说明	optval 类型
SOL_SOCKET	SO_BROADCAST	允许发送广播数据报	Int 类型
	SO_RCVBUF	接收缓冲区大小	Int 类型
	SO_SNDBUF	发送缓冲区大小	Int 类型

4. 返回值

执行成功，函数返回 0；执行错误，函数返回-1。

5. 头文件

#include <sys/socket.h>

6. 示例程序

程序清单 5-4　广播发送数据

```c
#include <stdio.h>
#include <stdlib.h>
#include <string.h>
#include <unistd.h>
#include <sys/socket.h>
#include <netinet/in.h>
#include <arpa/inet.h>
int main(int argc, char *argv[])
{
    int sock_fd = 0;
    char buff[1024] = "";
    unsigned short port = 8000;
    struct sockaddr_in send_addr;

    if(argc > 1)
    {
        port = atoi(argv[1]);
    }

    bzero(&send_addr, sizeof(send_addr));
    send_addr.sin_family = AF_INET;
    send_addr.sin_port = htons(port);

    sock_fd = socket(AF_INET,SOCK_DGRAM,0);
    if(sock_fd < 0)
    {
        perror("socket failed");
        close(sock_fd);
        exit(1);
    }

    int yes = 1;
    setsockopt(sock_fd,SOL_SOCKET,SO_BROADCAST,&yes, sizeof(yes));
    strcpy(buff,"broadcast success");
    int len = sendto(sock_fd, buff, strlen(buff),0,(struct sockaddr *)&send_addr,sizeof(send_addr));
    if(len < 0)
    {
        printf("send error\r\n");
        close(sock_fd);
        exit(1);
    }
    return 0;
}
```

5.5 多播

在网络音频、视频广播的应用中,需要将一个结点的信号传送到多个结点中,但无论是采用重复点对点的通信方式,还是采用广播的通信方式,都会严重浪费网络带宽。多播是一种允许一台设备或多台设备(多播源)发送单一数据报到多台设备(一次的,同时的)的 TCP/IP 网络通信技术,使用一对多的通信方式,是节省网络带宽的有效方式之一。采用多播的通信方式,能使一个或多个多播源把数据发送给特定的多播组,只有加入该多播组的主机才能接收到数据。多播一般在服务器端使用,目前,多播通信技术广泛应用在网络音频、视频广播、AOD、VOD、网络视频会议、多媒体远程教育和虚拟现实游戏等领域。多播通信可以使用 IPv4 地址实现,也可以使用 IPv6 地址实现,表 5-3 展示了单播、多播和广播在 IPv4 和 IPv6 中的使用情况。

表 5-3 单播、多播和广播在 IPv4 和 IPv6 中的使用情况

类型	IPv4	IPv6
单播	√	√
多播	可选	√
广播	√	×
任播	√,未广泛使用	√

5.5.1 多播地址

多播地址是一个 48 位的标识符,使用一种虚拟组地址的概念进行工作,数据的目的地址不是一个地址,而是一组地址,形成多播组地址。

在 IPv4 地址分类中,多播地址被称为 D 类地址,这种类型的 IP 地址范围为 224.0.0.0 到 239.255.255.255 或等同在 224.0.0.0/4 范围内。需要注意的是,224.0.0.0 地址保留,不能分配给任意多播组。在 IPv6 地址中,多播地址都有前缀 ff00::/8。全 1 的 32 位广播地址也属于多播地址,广播通信是多播通信中的特例。

IPv4 多播地址结构体如下。

```
struct in_addr
{
in_addr_t s_addr;
};
struct ip_mreq
{
struct in_addr imr_multiaddr;     //多播组 IP
struct in_addr imr_interface;     //将要添加到多播组中的 IP 地址
}
```

5.5.2 多播编程

实现多播通信时,创建连接后,需要设置多播组,所有添加到多播组内的客户端才能发送或接收到服务器的数据,多播组添加和允许发送多播数据通过 setsockopt 函数设置。先设置 setsockopt 函数,再添加组播组,并允许发送多播数据,最后通过 sendto 函数即可发送多播数据。setsockopt 函数具体介绍如下。

1. 函数原型

int setsockopt(int s, int level, int optname, const char *optval, int optlen);

2. 函数功能

函数用于任意类型、任意状态字的选项值设置。不同协议层上也存在选项设置，但此函数定义了最高"套接字"层次上的选项。选项设置影响套接字的操作，如加急数据是否在普通数据流中接收、广播数据是否可以从套接字发送等。

3. 参数解释

s：标识一个套接字的描述符。

level：选项定义层次，目前支持 SOL_SOCKET、IPPROTO_TCP 和 IPPROTO_IP 三种值，多播中使用 IPPROTO_IP。

optname：需设置的选项，选项值参考表 5-4。

optval：指针，指向存放选项值的缓冲区。

optlen：optval 指向的缓冲区的长度。

表 5-4 多播中 setsockopt 函数参数说明

level	optname	说明	optval 类型
IPPROTO_IP	IP_ADD_MEMBERSHIP	加入多播组	ip_mreq 地址结构体
	IP_DROP_MEMBERSHIP	离开多播组	ip_mreq 地址结构体

4. 返回值

执行成功，返回 0；执行失败，返回-1。

5. 头文件

#include <sys/socket.h>

6. 示例程序

程序清单 5-5 多播发送数据

```
#include <stdio.h>
#include <stdlib.h>
#include <string.h>
#include <unistd.h>
#include <sys/socket.h>
#include <netinet/in.h>
#include <arpa/inet.h>
/*  多播的客户端  */
#define   MCAST_PORT    8000
#define   MCAST_ADDR    "224.0.0.88"       /*一个局部连接多播地址*/
#define   MCAST_INTERVAL    5              /*发送间隔时间*/
#define   BUFF_SIZE   256                  /*接收缓冲区大小*/
int main(int argc, char*argv[])
{
        int s;                                 /*套接字文件描述符*/
        struct sockaddr_in local_addr;         /*本地地址*/
        int err = -1;
        s = socket(AF_INET, SOCK_DGRAM, 0);    /*建立套接字*/
```

```c
if(s == -1)
{
    perror("socket()");
    return -1;
}
/*初始化地址*/
memset(&local_addr, 0, sizeof(local_addr));
local_addr.sin_family = AF_INET;
local_addr.sin_addr.s_addr = htonl(INADDR_ANY);
local_addr.sin_port = htons(MCAST_PORT);
/*绑定 socket*/
err=bind(s, (struct sockaddr*)&local_addr, sizeof(local_addr));
if(err < 0)
{
    perror("bind()");
    return -2;
}
/*设置回环许可*/
int loop = 1;
err=setsockopt(s, IPPROTO_IP, IP_MULTICAST_LOOP, &loop, sizeof(loop));
if(err < 0)
{
    perror("setsockopt():IP_MULTICAST_LOOP");
    return -3;
}
struct ip_mreq mreq;                                    /*加入多播组*/
mreq.imr_multiaddr.s_addr=inet_addr(MCAST_ADDR);        /*组播地址*/
mreq.imr_interface.s_addr=htonl(INADDR_ANY);            /*网络接口为默认*/
/*将本机加入多播组*/
err=setsockopt(s, IPPROTO_IP, IP_ADD_MEMBERSHIP, &mreq, sizeof(mreq));
if(err < 0)
{
    perror("setsockopt():IP_ADD_MEMBERSHIP");
    return -4;
}
int times = 0;
int addr_len = 0;
char buff[BUFF_SIZE];
int n = 0;
/*循环接收广播组的消息，5 次后退出*/
for(times=0; times<5; times++)
{       /*接收数据*/
    addr_len = sizeof(local_addr);
```

```
            memset(buff, 0, BUFF_SIZE);          /*清空接收缓冲区，接收数据*/
            n=recvfrom(s, buff, BUFF_SIZE, 0, (struct sockaddr*)&local_addr, &addr_len);
            if(  n==  -1)
            {
                perror("recvfrom()");
            }
            printf("Recv  %dst  message  from  server:%s\n",times,buff);
            /*发送数据*/
            char send_buf[512] = "";
            printf("server send:");
            fgets(send_buf,sizeof(send_buf),stdin);       //获取输入
            send_buf[strlen(send_buf)-1] = '\0';
            sendto(s, send_buf,strlen(send_buf), 0,(struct sockaddr*)&local_addr, sizeof(local_addr));

            sleep(MCAST_INTERVAL);
    }
    /*退出多播组*/
    err=setsockopt(s, IPPROTO_IP, IP_DROP_MEMBERSHIP, &mreq, sizeof(mreq));
    close(s);
    return 0;
}
```

5.6 本章小结

UDP 是网络编程中的常用协议之一，对于本章的内容要熟练掌握。UDP 的特点是面向无连接的不可靠交付，没有拥塞控制，且支持一对一、一对多、多对一和多对多的交互，了解 UDP 的特点能很快掌握协议的使用方法。UDP 报文首部开销小，仅占 8 字节，这是 UDP 的优势。了解 UDP 报文首部的封装格式，有助于正确解析和封装 UDP 报文。要通过编程函数实现 UDP 通信，需要掌握创建函数 socket、发送函数 sendto、绑定函数 bind、接收函数 recvfrom 的使用。广播协议或多播协议也是建立在 UDP 基础上的两个常用协议，需要掌握其工作原理和编程函数的使用。

5.7 本章习题

（1）UDP 通信协议的特点是什么？
（2）UDP 编程函数练习，练习 socket、sendto、bind、recvfrom 等函数的应用。
（3）TFTP 包含几种类型的包格式？
（4）练习 setsockopt 函数在广播和多播中的使用。

第 6 章
网络通信

通信是人与人之间通过某种媒介进行的信息交流与传递。计算机网络是用物理链路将各个孤立的工作站或主机相连在一起，组成数据链路，从而实现资源共享和通信的网络。计算机网络通信通过计算机网络将各个孤立的设备连接起来，通过信息交换实现人与人、人与设备、设备与设备之间的通信。计算机网络通信简称网络通信，为实现网络通信的目的，要了解交换机、路由器等设备及其在网络通信中的作用。

本章重要内容：
（1）交换机设备的种类和组网；
（2）路由器的组网。

6.1 网络搭建工具

作为软件开发人员，需要掌握整个网络通信的过程，从全局的角度开发出更稳定、更高效的网络程序。Cisco Packet Tracer 是由思科（Cisco）公司发布的一款辅助学习工具，为学习思科网络课程的初学者设计、配置、排除网络故障提供了网络模拟环境。初学者可以在软件的图形用户界面中直接使用拖曳的方法建立网络拓扑，提供数据在网络中传输的过程，观察网络实时运行情况等。

如图 6-1～图 6-4 所示，启动 Cisco Packet Tracer 软件，打开工程窗口，拖曳 PC（计算机）、交换机等图标到工作环境中，再使用连接线将设备连接起来即可。对于初学者而言，图 6-4 所示的直通线、交叉线使用比较多。

图 6-1　Cisco Packet Tracer 主界面

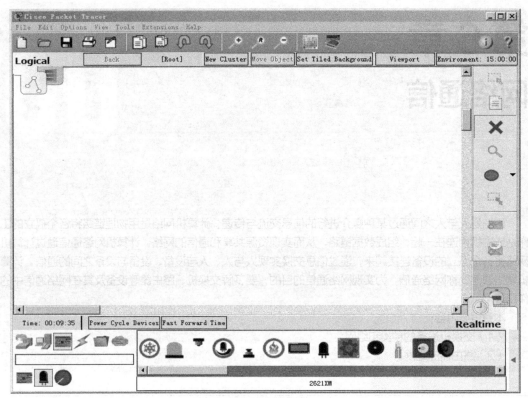

图6-2 创建工程

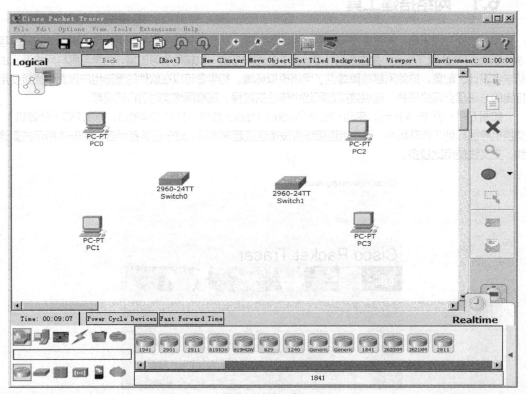

图6-3 添加设备

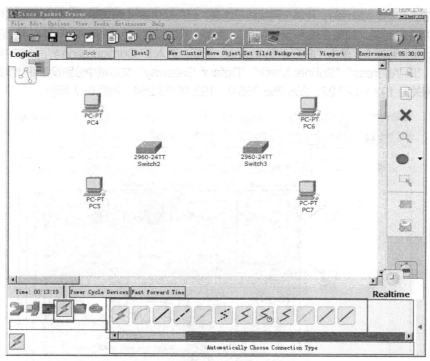

图 6-4 工具介绍

网络拓扑搭建完成后的效果如图 6-5 所示,连接设备的结点在软件窗口中显示为绿色代表网络线路已连通,显示为橙色代表网络线路无法连通,需等待几秒。对于设备之间的连线,可以记住连线规则——相同设备交叉线,不同设备直通线。

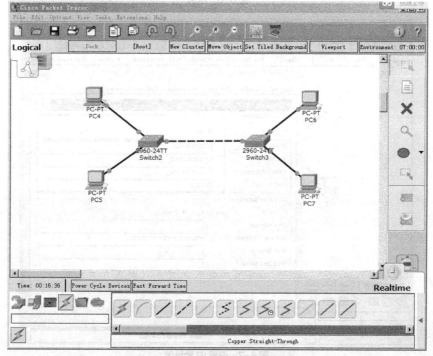

图 6-5 网络拓扑搭建完成后的效果

当线路结点全变成绿色时,代表全网线路已连通,但只是代表线路连通,不代表网络连通,还需要设置计算机的 IP 地址。如图 6-6 所示,以 PC4 为例,双击"PC4"图标,打开"PC4"窗口,切换到"Desktop"选项卡,单击"IP Configuration"图标,进入 IP Configuration 界面,选中"static"单选按钮,"IP Address""Subnet Mask""Default Gateway"文本框中分别设置 IP 地址、子网掩码、默认网关为 192.16.23.22、255.255.255.0、192.16.23.254,如图 6-7 所示。

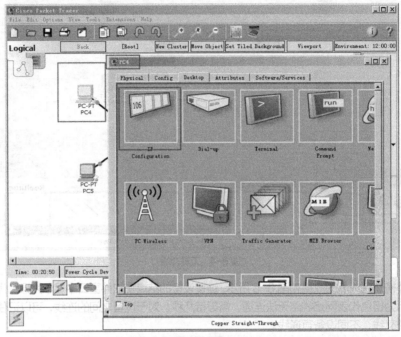

图 6-6 示例

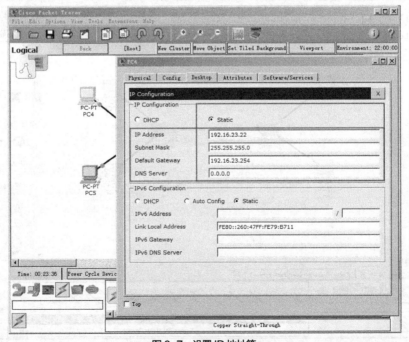

图 6-7 设置 IP 地址等

如果不是很理解,还可以使用文本工具标注每一个 PC 的 IP 地址及其相关信息,如图 6-8 所示。

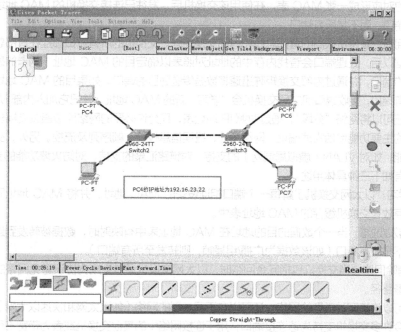

图 6-8 标注信息

6.2　交换机通信

6.2.1　交换机概述

交换机是一种用于电信号转发的网络设备,可以为任意两个连接该网络设备的网络结点提供独享的电信号通路,是一种扩大计算机网络的设备,可以把更多网络设备连接到当前的网络中。最常见的交换机是以太网交换机,其他常见的还有电话语音交换机、光纤交换机等,如图 6-9 所示。

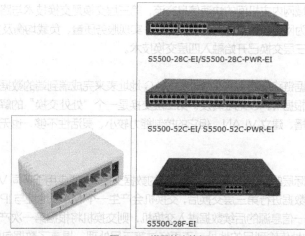

图 6-9 常见的交换机

交换机工作于 OSI 参考模型的第二层——数据链路层。交换机会在每个端口成功连接时，通过 MAC 地址和端口的对应形成一张 MAC 表。在使用该交换机后，发往已连接交换机的 MAC 地址的数据将送往其对应的端口，而不是所有端口。

交换机拥有一条带宽很高的背部总线和内部交换矩阵。交换机的所有端口都挂在背部总线上。控制电路收到数据以后，处理端口会查找内存中的地址对照表以确定目的 MAC 地址（网卡的硬件地址）的网卡所挂接的端口，并通过内部交换矩阵迅速将数据传送到目的端口。如果目的 MAC 地址不存在，则会广播到所有端口，接收端口回应后交换机会"学习"新的 MAC 地址，并把它加入内部 MAC 地址表。使用交换机还可以将网络"分段"，通过对照 IP 地址表，只允许必要的网络流量通过交换机。

交换机的主要功能包括物理编址、网络拓扑、错误信息校验、帧序列及流控。另外，交换机还具备一些新的功能，如对 VLAN（虚拟局域网）的支持、对链路汇聚的支持、对防火墙功能的支持。

交换机有如下三种具体用途。

（1）学习：以太网交换机了解每一个端口相连设备的 MAC 地址，并将 MAC 地址同相对应的端口映射起来存放在交换机缓存的 MAC 地址表中。

（2）转发/过滤：当一个数据的目的地址在 MAC 地址表中有映射时，数据被转发到连接目的结点的端口，而不是所有端口（如该数据为广播/组播帧，则转发至所有端口）。

（3）消除回路：当交换机包括冗余回路时，以太网交换机通过生成树协议避免回路的产生，同时允许存在后备路径。

交换机可以连接同种类型的网络，还可以在不同类型的网络（如以太网和快速以太网）之间起到互连作用。现今许多交换机支持高速连接端口，用于连接网络中的其他交换机或者为带宽占用量大的关键服务器提供附加带宽。

一般来说，交换机的每个端口都用来连接一个独立的网段，但是有时为了提供更快的接入速度，会把一些重要的网络设备直接连接到交换机的端口上，这样可以使网络的关键服务器和重要用户获得更快的接入速度，并支持更大的信息流量。

6.2.2 交换机种类

随着宽带网络的普及、各种网络应用的深入，局域网络承担的业务流量越来越繁重。网络系统中的音频、视频、数据等信息的传输量占用不同的带宽，需为这些数据流量提供差别化的服务，使对时延敏感的和重要的数据优先通过。这就需要考虑第四层交换，以满足基于策略调度、服务质量（Quality of Service，QoS）及安全服务的需求。

第二层交换实现局域网内主机间的快速信息交流，第三层交换是交换技术与路由技术的完美结合，第四层交换技术则可以为网络应用资源提供最优分配，实现服务质量、负载均衡及安全控制。2013 年，泾渭分明的二层交换和三层交换已开始融入四层交换技术。

1. 第二层交换

第二层交换根据数据链路层的 MAC 地址和 MAC 地址表来完成端到端的数据交换，只需识别数据中的 MAC 地址，直接根据 MAC 地址转发。第二层交换是一个"处处交换"的解决方案，虽然该方案也能划分子网、限制广播、建立 VLAN，但它的控制能力较小、灵活性不够，也无法控制流量，缺乏路由功能。

2. 第三层交换

第三层交换根据网际层的 IP 地址来完成端到端的数据交换，主要应用于不同 VLAN 子网间的路由。当某一信息源的第一个数据进行第三层交换后，交换机会产生一个 MAC 地址与 IP 地址的映射表，并将该表存储起来，如果同一信息源的后续数据进入交换机，则交换将根据第一次产生并保存的地址映射表直接从第二层由源地址传输到目的地址，不再经过第三层处理，提高了数据包的转发效率，解决了

VLAN 子网间传输信息时使用传统路由器会产生的速率瓶颈。

3. 第四层交换

第四层交换不仅可以完成端到端交换，还可以根据端口主机的应用特点确定或限制交换流量。第四层交换是基于运输层的数据交换，是一类基于 TCP/IP 协议应用层的用户应用交换数据的新型局域网交换。第四层交换机支持 TCP、UDP 等第四层以下的所有协议，可根据 TCP、UDP 端口号来区分数据包的应用类型，从而实现应用层的访问控制和服务质量保证。第四层交换机可以查看第三层数据报文头的源地址和目的地址内容，可以通过观察到的信息采取相应的动作，实现带宽分配、故障诊断和对 TCP/IP 协议应用程序数据流进行访问控制的关键功能。第四层交换通过任务分配和负载均衡优化网络，并提供详细的流量统计信息和记账信息，从而在应用的层级上解决网络拥塞、网络安全和网络管理等问题。

随着网络信息系统由小型、中型到大型的发展趋势，交换技术也由最初的基于 MAC 地址的交换发展到基于 IP 地址的交换，并进一步发展到基于 IP+端口的交换。

6.2.3 交换机组网

使用 Cisco Packet Tracer 网络搭建工具实现的交换机组网示例如图 6-10 所示，为每台 PC 手动设置 IP 地址、子网掩码。

如果 PC 不知目的 IP 地址所对应的 MAC 地址，则 PC 会先发送 ARP 广播，得到对方的 MAC 地址后再进行数据传送。当交换机第一次收到 ARP 广播数据时，会把 ARP 广播数据转发给除来源端口外的所有端口；如果后续还有 PC 询问此 IP 地址的 MAC 地址，则交换机会直接向目的端口转发数据。

在 Linux 操作系统中使用命令"arp"可以查看 ARP 缓存表，其中记录了 IP 地址所对应的 MAC 地址，如图 6-11 所示。

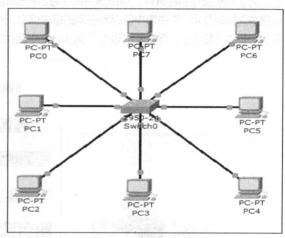

图 6-10 交换机组网示例

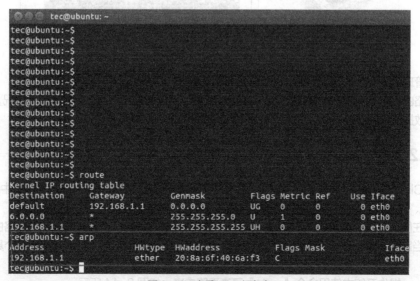

图 6-11 查看 ARP 缓存表

6.3 路由器通信

6.3.1 路由器概述

路由器又称网关设备，用于连接多个逻辑上分开的网络（代表一个单独的网络或者一个子网）。当数据从一个子网传输到另一个子网时，可通过路由器的路由功能来完成。路由器具有判断网络地址和选择转发路径的功能，并且能在多网络互连环境中建立灵活的连接，可用完全不同的数据分组和介质访问方法连接各种子网。

如图 6-12 所示，路由器是一种多端口设备，可以连接不同传输速率并运行于各种环境的局域网和广域网。路由器工作于 OSI 参考模型的第三层——网际层，主要工作是指导数据从一个网段向另一个网段传输，也能指导数据从一种网络向另一种网络传输，为经过路由器的每个数据寻找一条最佳传输路径，并将该数据有效地传送到目的地址。由此可见，选择最佳路径的策略（即路由算法）是路由器的关键所在。为了实现最佳路径选择，路由器中保存着各种传输路径的相关数据——路由表（Routing Table），供路由选择时使用。路由表中保存着子网的标志信息、网上路由器的个数和下一个路由器的名称等内容，可分为静态（Static）路由表和动态（Dynamic）路由表两种。

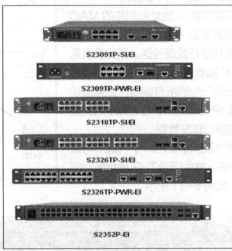

图 6-12 常见的路由器

系统管理员事先设置好固定路径形成的路由表称为静态路由表。

动态路由表存放的是路由器根据网络系统的运行情况而自动学习和记忆的网络运行情况，在需要时自动计算数据传输的最佳路径。

6.3.2 路由器组网

使用 Cisco Packet Tracer 网络搭建工具实现的路由器组网示例如图 6-13 所示，其中配置了 PC 的 IP 地址、子网掩码、路由器的 IP 地址等信息。

若不在同一网段的 PC 之间进行数据传送，则需要设置默认网关，通常情况下会把路由器设为默认网关，当路由器收到一个其他网段的数据时，会根据路由表来决定把此数据发送到哪个具体的目的端口。

在 Linux 操作系统中使用命令"route"可查看路由表，如图 6-14 所示。

192.168.1.1
192.168.1.254
1841
Router0
192.168.2.1
192.168.3.2
PC-PT
PC0
网络1
网络2
PC-PT
PC3
网络3
2950-24
Switch0
2950-24
Switch1
192.168.2.2
PC-PT
PC1
192.168.1.2
1841
Router1
PC-PT
PC2
192.168.3.1

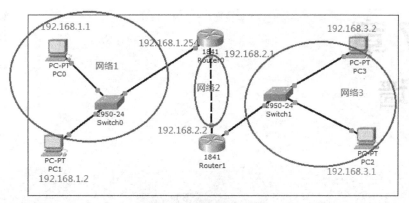

图 6-13 路由器组网示例

tec@ubuntu: ~
tec@ubuntu:~$
tec@ubuntu:~$
tec@ubuntu:~$
tec@ubuntu:~$
tec@ubuntu:~$
tec@ubuntu:~$
tec@ubuntu:~$
tec@ubuntu:~$
tec@ubuntu:~$
tec@ubuntu:~$
tec@ubuntu:~$
tec@ubuntu:~$
tec@ubuntu:~$
tec@ubuntu:~$
tec@ubuntu:~$
tec@ubuntu:~$
tec@ubuntu:~$
tec@ubuntu:~$ route
Kernel IP routing table
Destination Gateway Genmask Flags Metric Ref Use Iface
default 192.168.1.1 0.0.0.0 UG 0 0 0 eth0
6.0.0.0 * 255.255.255.0 U 1 0 0 eth0
192.168.1.1 * 255.255.255.255 UH 0 0 0 eth0
tec@ubuntu:~$

图 6-14 查看路由表

6.4 本章小结

本章主要为实施网络环境搭建进行铺垫。读者可自行下载网络搭建工具进行学习和练习，熟悉网络环境的运行，以便在大型网络项目中以宏观的角度搭建网络环境，以在开发的过程中避免网络安全问题的发生。读者应对交换机和路由器等网络设备有一定的了解，明确交换机和路由器在网络通信中的作用和各自的功能。

6.5 本章练习

（1）如何用 Cisco Packet Tracer 网络搭建工具实现路由器组网？

（2）如何用 Cisco Packet Tracer 网络搭建工具实现 Web 服务器组网？

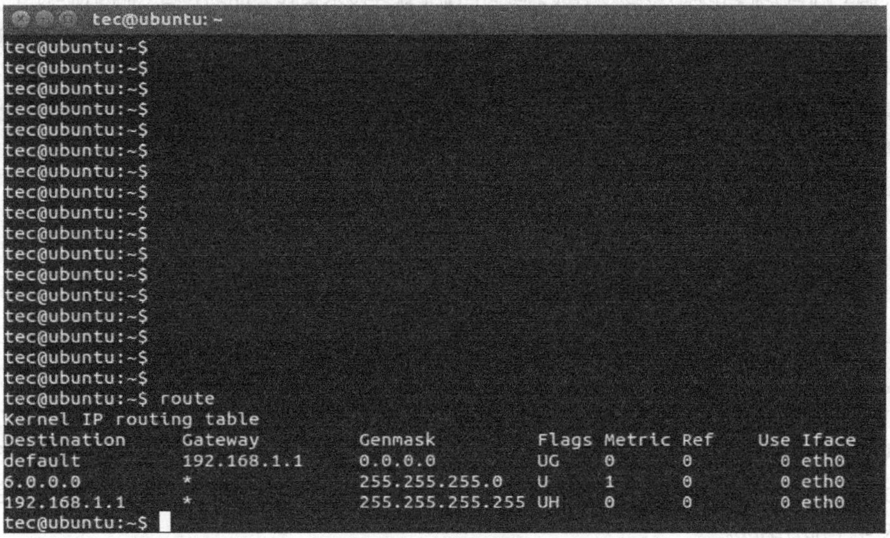

第 7 章 防火墙

防火墙（Firewall）也称防护墙，由 Check Point 软件技术有限公司创立者 Gil Shwed 于 1993 年发明并引入互联网。防火墙是位于内部网和外部网之间的屏障，可以按照系统管理员预先定义好的规则来控制数据的进出。防火墙是系统的第一道防线，主要用于防止非法用户的进入。

本章主要介绍 Linux 操作系统中 iptables 的使用。首先介绍防火墙的相关概念和网络布线结构，然后介绍防火墙的局限性，最后重点介绍 iptables 工具的使用。

本章重要内容：
（1）防火墙网络布线结构；
（2）iptables 转发流程、iptables 的规则表和链的关系。

7.1 防火墙概述

防火墙是一种计算机硬件和软件的结合，在内部网与外部网之间建立起一个安全网关（Security Gateway），从而保护内部网免受非法用户的侵入。防火墙主要由服务访问规则、验证工具、包过滤和应用网关 4 个部分组成。

在计算机网络中，设备流入流出的所有网络通信数据均要经过防火墙。防火墙实际上是一种隔离技术，是在两个网络通信时执行的一种访问控制尺度，允许同意的数据进入网络，同时将不同意进入的数据拒之门外，最大限度地阻止网络被恶意攻击。不通过防火墙，网络内部的人无法访问互联网，互联网中的人也无法和网络内部的人进行通信。图 7-1 所示为简单防火墙网络拓扑。

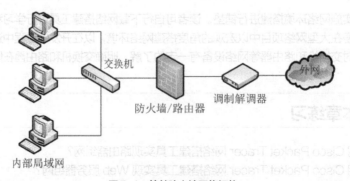

图 7-1　简单防火墙网络拓扑

1. 防火墙的作用

防火墙对于网络安全至关重要。一个防火墙要确保实现 4 个目标，每个目标都不是通过一个单独的设备或软件来实现的,多数情况下要将防火墙的组件放在一起使用以满足网络安全目的的需求。

(1)实现一个网络的安全策略。防火墙的主要意图是强制执行网络的安全策略。

(2)创建一个阻塞点。防火墙在互联网和互联网间建立一个检查点,要求所有流量都通过这个检查点,一旦这个检查点清楚地建立,防火墙设备就可以监听、过滤检查所有进入和出去的数据。网络安全产业称这些检查点为阻塞点,也称为网络边界。

(3)记录互联网活动。防火墙可以强制记录日志,并且提供警报功能。通过在防火墙上实现日志服务,安全管理员可以监听所有对外部网或互联网的访问,好的日志策略是实现网络安全的有效工具之一。

(4)限制网络暴露。防火墙在内部网络周围创建了一个保护边界,并且对公网隐藏了内部网络系统的一些信息以增强保密性,通过认证功能和网络加密来限制内网信息的暴露,当远程结点侦测内部网络时,仅能看到防火墙,远程设备无法知道内部网络的信息,同时,通过对所有进入的流量进行检查,可以躲避外部的安全攻击。

2. 防火墙的重要任务

综上所述,防火墙的重要任务如下。

(1)切割被信任与不被信任的网段。

(2)划分出可提供互联网的服务与受保护的服务。

(3)分析出可接受与不可接受的数据状态。

7.2 防火墙网络布线结构

防火墙除了可以保护防火墙机制本身所在的设备之外,还可以保护防火墙后面的主机。也就是说,防火墙除了可以防备本设备被入侵,还可以架设在路由器上以管控进出本地端网域的网络数据,这种规划对于内部私有网域的安全有一定程度的保护作用。

1. 单一网域组网

单一网域组网拓扑如图 7-2 所示。这类防火墙上行通常至少需要有两个接口,将可信任的内部网络与不可信任的互联网分开,并设定这两个网络接口的防火墙规则。防火墙设定在所有网络数据都会经过的路由器上行,这个防火墙可以轻易地掌控局域网络内的所有数据,只要管理防火墙设备,就可以轻易地抵挡来自互联网的不良网络数据。例如,要将局域网络管控得更严格,可以在这部设备防火墙上面架设更严格的代理服务器,让客户端仅仅连接开放的 WWW 服务器,通过代理服务器的分析功能,明确查出客户端连接 WWW 服务器的准确时间点。

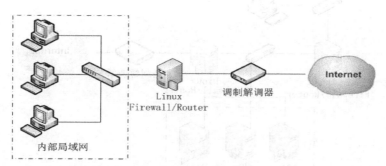

图 7-2 单一网域组网拓扑

在这个防火墙上再加装流量监控软件,还可以对整个网域的流量进行监测,这样配置的优点如下。

(1)分隔内外网域,可以安全维护内部网域且放宽开放权限。

(2)安全机制的设定可以针对防火墙设备来维护。

（3）外部只能看到防火墙设备，对于内部可以实现有效的安全防护。

2. 内部隔离的防火墙组网

内部隔离的防火墙组网拓扑如图 7-3 所示。一般来说，防火墙对于 LAN 的防备不会设定得很严格，因为 LAN 是用户常使用的一端，所以是信任网域，但常听到的入侵方法就使用了这样一个信任漏洞。

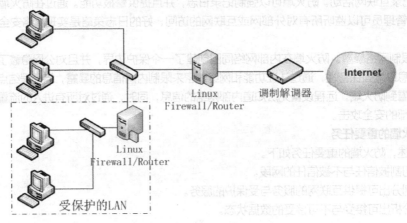

图 7-3　内部隔离的防火墙组网拓扑

3. 在防火墙的后面架设网络服务器主机结构

还有一种网络架构是将提供网络服务的服务器放在防火墙后面，如图 7-4 所示，WWW、Mail 与 FTP 设备通过防火墙连接到互联网，设备再通过防火墙的数据分析，将 WWW 的数据请求转送到 Web 服务器，将 Mail 数据请求送给 Mail 服务器处理（数据请求通过不同端口号来传递）。设备在互联网上显示的 IP 地址都相同，事实上却是不同的设备，如有攻击者要入侵 FTP 设备，只有成功入侵防火墙，才能入侵内部主机。此外，FTP 设备放置在两个防火墙中间，如果内部网络发生状况，也不会影响到网络服务器的正常运作。这种方式适合在比较大型的网络环境中提供正常稳定的网络服务。

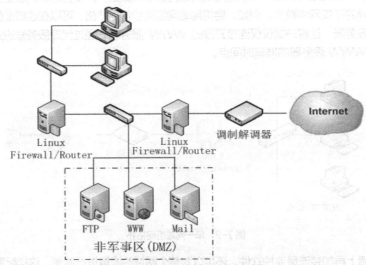

图 7-4　隔离外网的防火墙组网拓扑

7.3 防火墙的局限性

防火墙作为防止恶意攻击的屏障,对网络安全性建设尤为重要,其优势明显,但也存在着局限性,具体如下所述。

(1)防火墙不能防范不经过防火墙的攻击,因为对于没有经过防火墙的数据,防火墙无法检查。

(2)防火墙不能解决来自内部网络的攻击和安全问题。防火墙可以设计为既防外网又防内网,绝大多数企业因为不方便,不要求防火墙防内网。

(3)防火墙不能防止策略配置不当或配置错误引起的安全威胁。防火墙是一个被动的安全策略执行,像门卫一样,要根据政策规定来执行安全,不能自作主张。

(4)防火墙不能防止人为或自然的破坏。防火墙是一个安全设备,本身需存在于一个安全的地方。

(5)防火墙不能防止利用标准网络协议缺陷进行的攻击。一旦防火墙允许某些标准网络协议通过,就无法防止利用该协议的缺陷进行的攻击。

(6)防火墙不能防止利用服务器系统漏洞进行的攻击。对于通过防火墙准许的访问端口对服务器的漏洞进行的攻击,防火墙无法防止。

(7)防火墙无法防止受病毒(如图7-5所示的病毒)感染的文件的传输。防火墙本身并不具备查杀病毒的功能,即使承载了防病毒软件,也不能查杀所有病毒。

图7-5 病毒

(8)防火墙无法防止数据驱动式的攻击。当有些表面看来无害的数据邮寄或复制到内部网的主机上并被执行时,可能会发生数据驱动式的攻击。

(9)防火墙无法防止内部的泄密行为。如果防火墙内部的一个合法用户主动泄密,则其造成的威胁防火墙无法防止。

(10)防火墙无法防止本身的安全漏洞的威胁。防火墙可以保护设备,却无法保护其自身,目前还没有防火墙确定不存在安全漏洞。

7.4 iptables 工具

iptables 是与 Linux 内核集成的 IP 数据过滤系统。如果 Linux 操作系统连接到互联网、LAN、服务器、LAN 或互联网的代理服务器,则利用 iptables 工具可以利于在 Linux 操作系统中更好地控制 IP 数据过滤和防火墙配置。

防火墙在做数据过滤的决定时,有一套需要遵循的规则,这些规则存储在专用的数据过滤表中,这些表集成在 Linux 操作系统的内核中。在数据过滤表中,规则被分组放在所谓的链中。

iptables 可添加、编辑和移除规则,对规则进行管理,使插入、修改和去除数据过滤表中的规则变得容易。

1. iptables 的规则表和链

表（tables）：iptables 内置了 4 个表，提供特定的功能，即 filter 表、nat 表、mangle 表和 raw 表，分别用于实现包过滤、网络地址转换、数据重构（修改）和数据跟踪处理。

链（chain）：数据传播的路径，每一条链是众多规则中的一个检查清单，每一条链中可以有一条或数条规则。当一个数据到达一个链时，iptables 就会从链中的第一条规则开始检查，查看该数据是否满足规则所定义的条件，若满足条件，系统会根据该条规则所定义的方法处理该数据，否则 iptables 将继续检查下一条规则；如果不符合链中任一条规则，iptables 就会根据该链预先定义的默认策略来处理数据。

iptables 采用"表"和"链"的分层结构，在 Linux 操作系统中包含 4 张表及 5 条链，如图 7-6 所示。

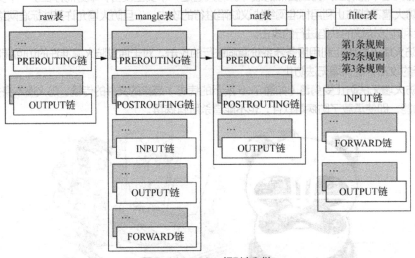

图 7-6 iptables 规则表和链

（1）规则表

filter 表：包含 INPUT、FORWARD、OUTPUT 3 条链，用来过滤数据，在内核模块 iptables_filter 中。

nat 表：包含 PREROUTING、POSTROUTING、OUTPUT 3 条链，用于网络地址转换（IP 地址、端口），在内核模块 iptable_nat 中。

raw 表：包含 OUTPUT、PREROUTING 两条链，用来决定数据包是否被状态跟踪机制处理，包含在内核模块 iptable_raw 中。

mangle 表：包含 PREROUTING、POSTROUTING、INPUT、OUTPUT、FORWARD 5 条链，主要作用是修改数据的服务类型（Terms of Service，ToS）、生存时间（Time To Live，TTL），配置路由实现 QoS，包含在内核模块 iptable_mangle 中。

（2）规则链

INPUT 链：入方向的数据应用此规则链中的策略。

OUTPUT 链：出方向的数据应用此规则链中的策略。

FORWARD 链：转发数据时应用此规则链中的策略。

PREROUTING 链：对数据做路由选择前应用此链中的规则（所有数据进来时先由此链处理）。

POSTROUTING 链：对数据做路由选择后应用此链中的规则（所有数据出来时先由此链处理）。

数据转发流程如图 7-7 所示。

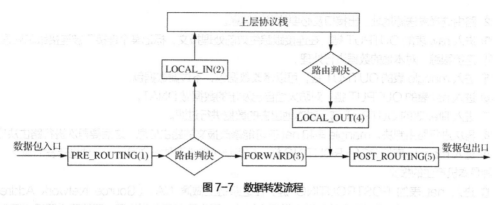

图 7-7 数据转发流程

2. iptables 处理流程

图 7-8 所示为 iptables 处理流程,iptables 的处理流程可分为以下 3 种类型。

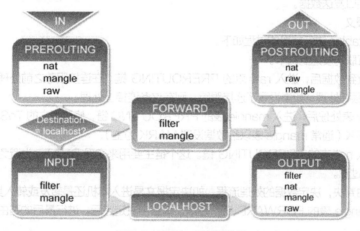

图 7-8 iptables 的处理流程

(1)目的为本机的报文

数据以本机为目的地址时,其经过 iptables 转发的过程如下。

① 数据从互联网发送到网卡。

② 网卡接收到数据后,进入 raw 表的 PREROUTING 链。在连接跟踪之前处理数据,也可以设置一条连接不被连接跟踪处理,如果设置了连接跟踪,则在这条连接上处理。

③ 经过 raw 表处理后,进入 mangle 表的 PREROUTING 链。这个链主要用来修改报文的 TOS、TTL 以及给报文设置特殊的 MARK(标记,通常 mangle 表以给数据设置 MARK 为主)。

④ 随后进入 nat 表的 PREROUTING 链。这个链主要用来实现目的网络地址转换(Destination Network Address Translation,DNAT)。为避免数据遗漏处理,不在这条链中做过滤。

⑤ 进入路由判决,决定数据的处理流程,如决定报文是进入本机还是转发或转入其他地方。

⑥ 进入 mangle 表的 INPUT 链。在把数据送给本机之前、路由之后可以再次修改报文。

⑦ 进入 filter 表的 INPUT 链,对所有送往本机的数据进行过滤。所有收到的并且目的地址为本机的数据都会经过这个链。

⑧ 经过规则过滤,报文交由本地进程或者应用程序处理,如服务器或者客户端程序。

(2)本地主机发出报文

数据由本机发出时,其经过 iptables 转发的过程如下。

① 本地进程或应用程序(如服务器或客户端程序)发出数据。

② 路由选择发送源地址、出接口及必要的发送信息。
③ 进入 raw 表的 OUTPUT 链，在连接跟踪生效前处理报文，标记某个连接不被连接跟踪处理。
④ 连接跟踪，对本地的数据进行处理。
⑤ 进入 mangle 表的 OUTPUT 链，可以修改数据包，不过滤数据包。
⑥ 进入 nat 表的 OUTPUT 链，对防火墙自己发出的数据做 DNAT。
⑦ 进入 filter 表的 OUTPUT 链，对本地出去的数据进行过滤。
⑧ 再次进行路由判决。mangle 表和 nat 表可能修改报文的路由信息，之后要再次进行路由决定。
⑨ 进入 mangle 表的 POSTROUTING 链。这条链可能被两种报文遍历，一种是转发的报文，另外一种是本机产生的报文。
⑩ 进入 nat 表的 POSTROUTING 链。在这条链上做源 NAT（Source Network Address Translation，SNAT），通常不在这条链上做报文过滤，因为可能存在副作用，即使路由器设置了默认策略，一些报文也可能通过。
⑪ 进入出接口发送数据。

（3）转发报文

报文经过 iptables 进行转发的过程如下。
① 数据从互联网发送到网卡。
② 网卡接收到数据后，进入 raw 表的 PREROUTING 链。在连接跟踪之前处理报文，并设置一条连接不被连接跟踪处理。如果设置了连接跟踪，则在这条连接上处理。
③ 经过 raw 表处理后，进入 mangle 表的 PREROUTING 链，修改报文的 ToS、TTL 及给报文设置特殊的 MARK（通常 mangle 表以给数据设置 MARK 为主）。
④ 随后进入 nat 表的 PREROUTING 链。这个链主要用来实现 DNAT。为避免数据遗漏处理，不在这条链中做过滤。
⑤ 进入路由判决，决定数据的处理流程，如决定报文是进入本机还是转发或转入其他地方。
⑥ 进入 mangle 表的 FORWARD 链，在第一次路由决定之后、进行最后的路由决定之前，可以对数据进行修改。
⑦ 进入 filter 表的 FORWARD 链，对所有转发的数据进行过滤。经过这条链的数据是需要转发的数据。
⑧ 进入 mangle 表的 POSTROUTIN 链。数据到达这条链时已经做完了所有路由决定，数据仍然在本机，还可以对数据进行修改。
⑨ 进入 nat 表的 POSTROUTING 链。在这条链上做 SNAT，不要要这条链上做报文过滤，因为可能存在副作用，即使路由器设置了默认策略，一些报文也可能通过。
⑩ 进入出接口发送数据。

3. iptables 规则使用方法

（1）iptables 命令基本语法格式

iptables [-t 表名] 命令选项 [链名][条件匹配][-j 目标动作或跳转]

（2）参数说明

表名：用于指定 iptables 命令所操作的表。
命令选项：指定管理 iptables 规则的方式，如插入、增加、删除、查看等。
链名：用于指定 iptables 命令所操作的链。
条件匹配：指定对符合条件的数据进行处理。
目标动作或跳转：指定数据的处理方式，如允许通过、拒绝、丢弃、跳转到其他链处理。

（3）iptables 命令的管理控制选项（命令选项）

-A：在指定链的末尾添加一条新的规则。

-D：删除指定链中的某一条规则，可以按规则序号和内容进行删除。
-I：在指定链中插入一条新的规则，默认在第一行添加。
-R：修改、替换指定链中的一条规则，可以按规则序号和内容替换。
-L：列出指定链中的所有规则进行查看（默认是 filter 表，如需列出 nat 表的规则，则需要添加-t，即 iptables -t nat -L）。
-E：重命名用户定义的链，不改变链本身。
-F：清空规则。
-N：新建一条自定义的规则链。
-X：删除指定表中自定义的规则链。
-P：设置指定链的默认策略。
-Z：将所有表的所有链的字节和数据包计数器清零。
-n：使用数字形式显示输出结果。
-v：查看规则表的详细信息。
-h：获取帮助。

（4）防火墙处理数据包的方式（目标动作或跳转选项）
ACCEPT：允许数据包通过。
DROP：直接丢弃数据包，不给出任何回应信息。
REJECT：拒绝数据包通过，必要时会给数据发送端一个响应信息。
LOG：在 Linux 操作系统的/var/log/messages 文件中记录日志信息，并将数据包传递给下一条规则。

（5）iptables 防火墙策略设置
设置默认链策略，如 iptables 的 filter 表中有 INPUT、FORWARD 和 OUTPUT 3 种链，默认的链策略是 ACCEPT，可以将其设置成 DROP，使用如下命令可将所有数据都拒绝。

```
iptables -P INPUT DROP
iptables -P FORWARD DROP
iptables -P OUTPUT DROP
```

4．iptables 语法规则

（1）查看规则

```
iptables -t nat -L -n
```

执行查看 nat 表规则的语句，会显示 nat 表中 4 条链的规则；如没有规则，则显示结果如下。

```
chain PREROUTING (policy ACCEPT)
target prot opt source destination


chain INPUT (policy ACCEPT)
target prot opt source destination


chain OUTPUT (policy ACCEPT)
target prot opt source destination


chain POSTROUTING (policy ACCEPT)
target prot opt source destination
```

参数说明如下。
target：代表进行的操作，ACCEPT 表示接收，REJECT 表示拒绝，DROP 表示丢弃。

prot：协议类型主要有 TCP、UDP、ICMP 等。
opt：额外选项说明。
source：对源 IP 地址进行限制。
destination：对目的 IP 地址进行限制。

（2）清除规则

iptables –F
iptables –X
iptables –Z

（3）定义默认策略

例如，将本机的 INPUT 设置为 DROP，其他设置为 ACCEPT，设置前先清除所有规则，避免其他规则生效。

iptables –P   INPUT   DROP
iptables –P   OUTPUT   ACCEPT
iptables –P   FORWARD   ACCEPT
iptables –save

（4）IP 地址、网络及接口设备的防火墙设置

iptables [-AI 链名] [-io 网络接口] [-p 协议] [-s 来源 IP/ 网域] [-d 目的 IP/ 网域] -j [ACCEPT|DROP|REJECT|LOG]

-AI 链名：针对某条链进行规则的"插入"和"累加"。

① -A：新增加一条规则，增加在原规则的最后面。

② -I：插入一条规则。没有指定此规则的顺序，默认成为第一条规则。

-io 网络接口：设定数据进出的接口规范。

① -i：数据进入的网络接口，如 eth0、lo 等，需要与 INPUT 链配合使用。

② -o：数据传出的网络接口，需要与 OUTPUT 链配合使用。

-p 协议：设定此规则适用的报文格式，主要的报文格式有 TCP、UDP、ICMP 及 ALL。

-s 来源 IP/网域：设定此规则的报文来源，可指定 IP 地址或网域。

① 网域：如 192.168.0.0/24 或 192.168.0.0/255.255.255.0 均可。

② -s! 192.168.0.0/24：表示不允许 192.168.0.0/24 地址的数据来源。

-d 目的 IP/网域：设定此规则的报文来源，可指定 IP 地址或网域。

-j：报文处理动作，有接受（ACCEPT）、丢弃（DROP）、拒绝（REJECT）及记录（LOG）。

例如，设置 lo 成为受信任的设备，即进出 lo 的数据都予以接受，代码如下。

iptables -A INPUT -i lo -j ACCEPT

例如，接受来自内网 172.20.223.0/24 的数据，代码如下。

iptables -A INPUT -i eth0 -s 172.20.223.0/24 -j ACCEPT

例如，数据来自 172.20.223.32 就接受，来自 172.20.223.91 就丢弃，代码如下。

iptables -A INPUT -i eth0 -s 172.20.223.32 -j ACCEPT
iptables -A INPUT -i eth0 -s 172.20.223.32 -j DROP

（5）端口的防火墙设置

iptables [-AI 链名] [-io 网络接口] [-p 协议] [-s 来源 IP/网域] [--sport 端口范围] [-d 目的 IP/网域] [--dport 端口范围] -j [ACCEPT|DROP|REJECT|LOG]

① --sport 端口范围：限制来源的端口号，端口号可以是连续的，如 1024:65535。

② --dport 端口范围：限制目标的端口号。

其他参数可参考"IP 地址、网络及接口设备的防火墙设置"。

例如，连接本机的 UDP 端口 137、138 和 TCP 端口 139、445 放行，代码如下。

```
iptables -A INPUT -i eth0 -p udp --dport 137:138 -j ACCEPT
iptables -A INPUT -i eth0 -p tcp --dport 139 -j ACCEPT
iptables -A INPUT -i eth0 -p tcp --dport 445 -j ACCEPT
iptables -A INPUT -i eth0 --dport 139 -j ACCEPT    //没有添加-p tcp/-p udp 会产生错误
iptables -A INPUT -i eth0 -p tcp 139 -j ACCEPT//没有添加--dport 也会产生错误
```

（6）MAC 地址与封包状态的防火墙设置

```
iptables -A INPUT ［-m state］ ［--state 状态］
iptables -A INPUT ［-m mac］ ［--mac-source MAC 地址］
```

① -m： iptables 的外挂模块，其常见选项如下。

state：状态模块。

mac：网卡 MAC 地址。

② --state：封包状态，其常见选项如下。

INVALID：无效的封包，如数据破损的封包状态。

ESTABLISHED：已经联机成功的封包状态。

NEW：想要新建立联机的封包状态。

RELATED：表示数据与主机发送出的数据有关。

③ --mac-source：指数据来源主机的 MAC 地址。

例如，已建立联机或相关的报文予以通过，不合法的报文丢弃，代码如下。

```
iptables -A INPUT -m state --state RELATED,ESTABLISHED -j ACCEPT
iptables -A INPUT -m state --state INVALID -j ACCEPT
```

例如，对局域网络内 MAC 地址为 aa:bb:cc:dd:ee:ff 的主机放行，代码如下。

```
iptables -A INPUT -m mac --mac-source aa:bb:cc:ee:dd:ff -j ACCEPT
```

7.5 本章小结

本章介绍了网络编程的扩展知识，防火墙的设置在网络通信中非常重要，可有效提高网络安全性。了解防火墙的网络布线结构，可以提高设备安全性能，防止恶意攻击。防火墙可以防止网络的攻击，但不能防止人为等攻击，存在局限性。对于 iptables，首先要理解 iptables 的工作原理，掌握表和链的作用及 iptables 的转发流程，学会在 Linux 操作系统中使用 iptables 命令对表和链进行添加、删除、查看规则等操作。iptables 功能很强大，需要反复练习和总结。

7.6 本章习题

（1）防火墙的布线图可划分为几种？

（2）iptables 规则中有几张表、几个链？分别是什么？

（3）iptables 的转发流程是怎样的？

第 8 章 原始套接字

原始套接字从实现上可以分为"链路层原始套接字"和"网际层原始套接字"两类,不通过运输层协议的封装或解析,直接发送或接收链路层和网际层数据报。在网络编程中,原始套接字的使用与 TCP、UDP 同等重要。

本章主要介绍基于原始套接字通信的网络编程,首先介绍创建链路层原始套接字和网际层原始套接字的编程方法,然后介绍 Linux 操作系统中网卡的工作模式,最后简单介绍原始数据报分析方法。

本章重要内容:
(1)创建原始套接字的编程方法;
(2)网卡的工作模式;
(3)原始数据报分析方法。

8.1 原始套接字概述

原始套接字(SOCKET_RAW)允许对较低层次的协议直接进行访问,如 IP 协议、ICMP 协议,常用于检验自定义协议实现,或访问现有服务中配置的新设备。原始套接字可以自如地控制较低层的多种协议,对网络底层的传输机制进行控制,如操纵网际层和运输层应用。例如,通过原始套接字可以接收发向本机的 ICMP 数据报、IGMP 数据报,或者接收 TCP/IP 协议栈不能处理的 IP 数据报,也可以发送一些自定报文头或自定协议的 IP 数据。图 8-1 展示了原始套接字和标准套接字传输的区别。

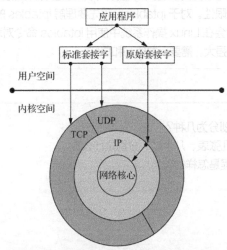

图 8-1 原始套接字和标准套接字传输的区别

原始套接字与标准套接字（标准套接字是指 TCP 流式套接字和 UDP 数据报套接字）的区别在于，原始套接字可以读写内核没有处理过的 IP 数据，而流式套接字只能读取 TCP 数据，数据报套接字只能读取 UDP 数据，如要访问其他协议发送的数据，则要使用原始套接字。

原始套接字使用时需要注意如下问题。

（1）对于 TCP/UDP 产生的 IP 数据，内核不会将数据传递给任何原始套接字，而是将这些数据交给对应的 TCP/UDP 进行处理。

（2）在运输层之下，IP 数据不关注内核是否已经有注册的句柄来处理这些数据，都会将这些 IP 数据复制一份传递给与协议类型匹配的原始套接字。

（3）对于不能识别协议类型的数据，内核进行必要的校验后，查看是否有与协议类型匹配的原始套接字负责处理这些数据，如果有，则将这些 IP 数据复制一份传递给匹配的原始套接字；否则，内核将会丢弃这些 IP 数据，并返回一个主机不可达的消息给源主机。

（4）原始套接字绑定了一个固定的本机 IP 地址，内核只将目的地址为本机 IP 地址的数据传递给原始套接字。如果某个原始套接字没有绑定地址，则内核会把收到的所有 IP 数据报发给这个原始套接字。

（5）原始套接字调用连接函数 connect 后，内核只将源地址为连接的 IP 地址的 IP 数据报传递给这个原始套接字。

（6）原始套接字没有调用绑定和连接函数时，内核会将所有与协议匹配的 IP 数据报发送给这个原始套接字。

8.2 创建原始套接字

原始套接字从实现上分为链路层原始套接字和网际层原始套接字两类。

链路层原始套接字可以直接用于接收或发送链路层报文数据，在发送时需要由调用者自行构造和封装报文首部。网际层原始套接字可以直接用于接收或发送网际层的报文数据，在发送时需要自行构造 IP 报文头。具体选择哪一种方式，在编程实现上取决于 setsockopt 函数的参数设置。

图 8-2 所示为协议报文发送路径，图中的 ARP 报文和 RARP 报文直接发送数据链路层报文，即以太网报文、ICMP 报文和 IGMP 报文在网际层发包，HTTP、FTP、TFTP 等应用层协议在运输层发包。

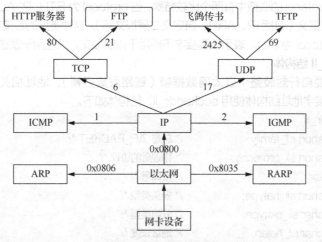

图 8-2 协议报文发送路径

8.2.1 链路层原始套接字

1. 调用 socket 函数

链路层原始套接字调用 socket 函数创建。

```
socket(PF_PACKET, type, htons(protocol));
```

第一个参数指定协议族类型为 PF_PACKET，表示发送原始数据第二个参数可以设置为 SOCK_RAW 或 SOCK_DGRAM；第三个参数是协议类型，协议类型参数不同取值的具体含义如表 8-1 所示。

表 8-1 协议类型参数不同取值的具体含义

protocol	值	具体含义
ETH_P_IP	0X0800	只接收发往目的 MAC 地址是本机的 IP 类型的数据帧
ETH_P_ARP	0X0806	只接收发往目的 MAC 地址是本机的 ARP 类型的数据帧
ETH_P_RARP	0X8035	只接收发往目的 MAC 地址是本机的 RARP 类型的数据帧
ETH_P_ALL	0X0003	接收发往目的 MAC 地址是本机的所有类型的数据帧，同时可以接收从本机发出去的所有数据帧。在混杂模式打开的情况下，还会接收到发往目的 MAC 地址为非本机 MAC 地址的数据帧

2. type 参数设置

（1）参数 type 设置为 SOCK_RAW 时，套接字接收或发送的数据都是从 MAC 首部开始的，发送时需要由调用者从 MAC 首部开始构造和封装报文数据。type 设置为 SOCK_RAW 的情况应用比较多，如自定义的二层报文类型。

```
socket(PF_PACKET, SOCK_RAW, htons(protocol));
```

（2）参数 type 设置为 SOCK_DGRAM 时，套接字接收到的数据报文会将 MAC 首部去掉，发送数据时也不需要手动构造 MAC 首部，从 IP 首部或 ARP 首部（取决于封装的报文类型）开始构造即可，而 MAC 首部的填充由内核实现。对于 MAC 首部不关心的应用场景，可以使用这种类型，其他情况下这种方法用得相对较少。

```
socket(PF_PACKET, SOCK_DGRAM, htons(protocol));
```

在表 8-1 中，protocol 的取值中有两个比较特殊，当 protocol 为 ETH_P_ALL 时，表示能够接收本机收到的所有二层报文（包括 IP、ARP、自定义二层报文等），这种类型的套接字还能够将外发的报文再收回来；当 protocol 为 0 时，表示该套接字不能用于接收报文，只能用于发送。

3. sockaddr_ll 结构体

发送数据时需要自行封装整个以太网数据帧（链路层数据帧）。地址相关的结构体不能使用 sockaddr，原始套接字地址结构体使用 sockaddr_ll，结构体如下。

```
struct    sockaddr_ll{
          unsigned short sll_family;           /* 总是 AF_PACKET */
          unsigned short sll_protocol;         /* 物理层的协议 */
          int sll_ifindex;                     /* 接口号 */
          unsigned short sll_hatype;           /* 报头类型 */
          unsigned char sll_pkttype;           /* 分组类型 */
          unsigned char sll_halen;             /* 地址长度 */
          unsigned char sll_addr[8];           /* 物理层地址 */
};
```

sll_protocol：取值在"linux/if_ether.h"头文件中，指定二层协议。

sll_ifindex：置为 0 表示处理所有接口。对于单网卡的机器不存在"所有"的概念，如果设备是多网卡，则该字段的值一般通过 ioctl I/O 函数来获取，如获取 eth0 接口的序号，可以使用如下代码。

```
struct    sockaddr_ll sll;
struct    ifreq ifr;
strcpy(ifr.ifr_name, "eth0");
ioctl(sockfd, SIOCGIFINDEX, &ifr);
sll.sll_ifindex = ifr.ifr_ifindex;
```

sll_hatype：ARP 硬件地址类型，定义在"linux/if_arp.h"头文件中，取为 ARPHRD_ETHER 时表示以太网。

sll_pkttype：分组类型，目的地址是本地主机的分组使用 PACKET_HOST，物理层广播分组使用 PACKET_BROADCAST，发送到一个物理层多路广播地址的分组使用 PACKET_MULTICAST，网卡在混杂模式下的设备驱动器发向其他主机的分组使用 PACKET_OTHERHOST，源于本地主机的分组被环回到分组套接字使用 PACKET_OUTGOING。这些类型只对接收到的有效分组有意义。

sll_addr 和 sll_halen：指示物理层地址及其长度，严格依赖于具体的硬件设备。例如，获取接口索引 sll_ifindex，要获取接口的物理地址，可以采用如下代码。

```
struct ifreq ifr;
strcpy(ifr.ifr_name, "eth0");
ioctl(sockfd, SIOCGIFHWADDR, &ifr);
```

默认情况下，从任何接口收到的符合指定协议的数据报文都会被传送到原始套接字，使用 bind 函数并以一个 sockaddr_ll 结构体对象将原始套接字与某个网络接口绑定，可使原始套接字只接收指定接口的数据报文。

数据链路层中的以太网报文格式如图 8-3 所示。

图 8-3　数据链路层中的以太网报文格式

以太网报文首部信息封装的结构体如下。

```
typedef struct eth_hdr
{
            unsigned char    dest_mac[6];
            unsigned char    src_mac[6];
            unsigned short    eth_type;
} ethernet_header;
```

4. 示例程序
程序清单 8-1 伪造 ARP 封包

```c
#include <stdio.h>
#include <stdlib.h>
#include <string.h>
#include <unistd.h>
#include <errno.h>
#include <sys/socket.h>
#include <sys/ioctl.h>
#include <sys/types.h>
#include <netinet/in.h>
#include <netinet/if_ether.h>
#include <net/if_arp.h>
#include <netpacket/packet.h>
#include <net/if.h>
#include <net/ethernet.h>
#include <arpa/inet.h>

//#宏定义 ETH_DATA_LEN 的值为 1024
static unsigned char s_ip_frame_data[ETH_DATA_LEN];
static unsigned int   s_ip_frame_size = 0;

int main(int argc,char** argv)
{
    struct ether_header *eth = NULL;
    struct ether_arp *arp = NULL;
    struct ifreq ifr;
    struct in_addr daddr;
    struct in_addr saddr;
    struct sockaddr_ll sll;
    int skfd;
    int n = 0;

    unsigned char dmac[ETH_ALEN] = {0x50,0x46,0x5d,0x71,0xcd,0xc0};
    /*伪造源 MAC*/
    unsigned char smac[ETH_ALEN] = {0x00,0x11,0x22,0x33,0x44,0x55};

    daddr.s_addr = inet_addr("192.168.1.60");
    /*伪造源 IP 地址*/
    saddr.s_addr = inet_addr("192.168.1.71");

    memset(s_ip_frame_data, 0x00, sizeof(unsigned char)*ETH_DATA_LEN);

    /*创建原始套接字*/
```

```c
skfd = socket(PF_PACKET, SOCK_RAW, htons(ETH_P_ALL));
if(skfd < 0) {
    perror("socket() failed! \n");
    return -1;
}

bzero(&ifr,sizeof(ifr));
strcpy(ifr.ifr_name, "eth0");
if (-1 == ioctl(skfd, SIOCGIFINDEX, &ifr)) {
    perror("ioctl() SIOCGIFINDEX failed!\n");
    return -1;
}
printf("ifr_ifindex = %d\n", ifr.ifr_ifindex);

bzero(&sll, sizeof(sll));
sll.sll_ifindex  = ifr.ifr_ifindex;
sll.sll_family   = PF_PACKET;
sll.sll_protocol = htons(ETH_P_ALL);

/*构造以太报文*/
eth = (struct ether_header*)s_ip_frame_data;
eth->ether_type = htons(ETHERTYPE_ARP);
memcpy(eth->ether_dhost, dmac, ETH_ALEN);
memcpy(eth->ether_shost, smac, ETH_ALEN);

/*构造 ARP 报文*/
arp = (struct ether_arp*)(s_ip_frame_data + sizeof(struct ether_header));
arp->arp_hrd = htons(ARPHRD_ETHER);
arp->arp_pro = htons(ETHERTYPE_IP);
arp->arp_hln = ETH_ALEN;
arp->arp_pln = 4;
arp->arp_op  = htons(ARPOP_REQUEST);

memcpy(arp->arp_sha, smac, ETH_ALEN);
memcpy(arp->arp_spa, &saddr.s_addr, 4);

memcpy(arp->arp_tha, dmac, ETH_ALEN);

memcpy(arp->arp_tpa, &daddr.s_addr, 4);

s_ip_frame_size = sizeof(struct ether_header) + sizeof(struct ether_arp);
n = sendto(skfd, s_ip_frame_data, s_ip_frame_size, 0, \
    (struct sockaddr*)&sll, sizeof(sll));
if (n < 0) {
```

```
                perror("sendto() failed!\n");
        }
        else {
                printf("sendto() n = %d \n", n);
        }
        close(skfd);
        return 0;
}
```

5. 地址绑定

原始套接字使用 IP 协议非面向连接的套接字时，在这个套接字上可以调用 bind 函数和 connect 函数进行地址绑定，说明如下。

（1）调用 bind 函数后，发送数据的源 IP 地址将是 bind 函数指定的地址。若不调用 bind 函数，则内核将以发送接口的主 IP 地址填充 IP 协议报文首部。如果使用 setsockopt 函数设置 IP_HDRINCL(header including)选项，则必须手动填充每个要发送的数据的源 IP 地址，否则内核将自动创建 IP 协议报文首部。

（2）调用 connect 函数后，可以使用 write 函数和 send 函数来发送数据，内核将会使用绑定的地址填充 IP 协议报文的目的 IP 地址，否则使用 sendto 函数或 sendmsg 函数发送数据，且要在函数参数中指定对方的 IP 地址。

8.2.2　网际层原始套接字

1. 调用 socket 函数

创建面向连接的 TCP 套接字和创建面向无连接的 UDP 套接字后，在接收和发送时只能操作数据部分，不能对 IP 报文首部或 TCP 和 UDP 报文首部进行操作，如果想要操作，则需要调用如下 socket 函数创建网际层原始套接字。

socket(PF_INET,　SOCK_RAW,　protocol);

第一个参数指定协议族的类型为 PF_INET，第二个参数为 SOCK_RAW，第三个参数 protocol 为协议类型。

（1）网际层原始套接字接收到的报文数据从 IP 协议报文首部开始，即接收到的数据包含了 IP、TCP、UDP、ICMP 等首部，以及其数据部分。

（2）网际层原始套接字发送的报文数据在默认情况下从 IP 协议报文首部之后开始，即需要由调用者自行构造和封装 TCP、UDP 等协议首部。

2. 调用 setsockopt 函数

网际层原始套接字提供了发送数据时从 IP 协议报文首部开始构造数据的功能，通过 setsockopt 函数设置原始套接字参数为 IP_HDRINCL 选项，在发送时可以自行构造 IP 协议报文首部。

（1）函数原型

int setsockopt(int sockfd, int level, int optname,const void *optval, socklen_t optlen);

（2）函数功能

此函数用于任意类型、任意状态套接字的选项值设置，函数执行成功返回 0，执行失败返回非 0 值。

（3）参数解释

sockfd：标识一个套接字描述符。

level：选项定义的层次，支持 SOL_SOCKET、IPPROTO_TCP、IPPROTO_IP 和 IPPROTO_IPv6。

optname：需设置的选项。
optval：指针，指向存放选项待设置的缓冲区。
optlen：optval 指向的缓冲区长度。
通过 setsockopt 函数设置选项，构造 IP 协议报文首部时，需要设置参数 val（为存放选项的缓冲区变量），代码如下。

setsockopt (sockfd, IPPROTO_IP, IP_HDRINCL, &val, sizeof(val));

3. protocol 参数

protocol 参数的取值如表 8-2 所示。protocol 取值为 IPPROTO_RAW 时比较特殊，表示套接字不能用于接收数据，只能用于发送数据，在封装网际层数据时不需要自行构造以太网数据报文，通过原始套接字发送数据时链路层会自动封装数据。

表 8-2 protocol 参数的取值

protocol	值	作用
IPPROTO_TCP	6	接收 TCP 类型的报文
IPPROTO_UDP	17	接收 UDP 类型的报文
IPPROTO_ICMP	1	接收 ICMP 类型的报文
IPPROTO_IGMP	2	接收 IGMP 类型的报文
IPPROTO_RAW	255	不能用于接收，只用于发送（需要构造 IP 报文首部）
OSPF	89	接收协议号为 89 的报文
…	…	…

4. 报文首部封装格式

网际层各报文首部封装格式如下。

（1）IP 报文首部格式如图 8-4 所示。

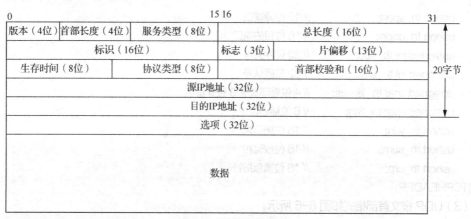

图 8-4 IP 报文首部格式

IP 报文首部封装结构体如下。

```
typedef struct ip_hdr{
    ushort th_sport;              // 16 位源端口
    ushort th_dport;              // 16 位目的端口
    unsigned int th_seq;          // 32 位序列号
    unsigned short ident;         // 16 位标识
    unsigned short frag_and_flags;// 3 位标志位
```

```
    unsigned char ttl;              // 8 位生存时间
    unsigned char proto;            // 8 位协议（TCP、UDP 或其他）
    unsigned short checksum;        // 16 位 IP 首部校验和
    unsigned int sourceIP;          // 32 位源 IP 地址
    unsigned int destIP;            // 32 位目的 IP 地址
}IPHEADER;
```

（2）TCP 报文首部格式如图 8-5 所示。

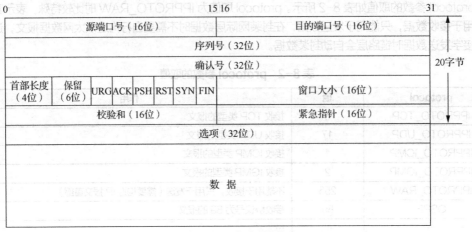

图 8-5　TCP 报文首部格式

TCP 报文首部封装结构体如下。

```
typedef struct tcp_hdr
{
    ushort th_sport;                // 16 位源端口
    ushort th_dport;                // 16 位目的端口
    unsigned int th_seq;            // 32 位序列号
    unsigned int th_ack;            // 32 位确认号
    unsigned char th_lenres;        // 4 位首部长度/6 位保留字
    unsigned char th_flag;          // 6 位标志位
    ushort th_win;                  // 16 位窗口大小
    ushort th_sum;                  // 16 位校验和
    ushort th_urp;                  // 16 位紧急指针
}TCPHEADER;
```

（3）UDP 报文首部格式如图 8-6 所示。

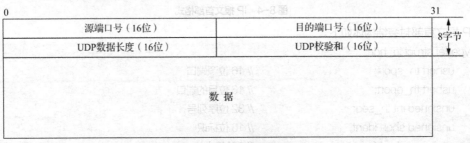

图 8-6　UDP 报文首部格式

UCP 报文首部封装结构体如下。

```
typedef struct udp_hdr
{
    unsigned short uh_sport;        //16 位源端口号
    unsigned short uh_dport;        //16 位目的端口号
    unsigned short uh_len;          //16 位 UDP 数据长度
    unsigned short uh_sum;          //16 位 UDP 校验和
} UDPHEADER;
```

（4）ICMP 报文首部格式如图 8-7 所示。

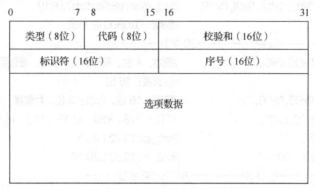

图 8-7　ICMP 报文首部格式

ICMP 报文首部封装结构体如下。

```
typedef struct icmp_hdr
{
    unsigned char   i_type;      // 类型
    unsigned char   i_code;      // 代码
    unsigned short  i_cksum;     // 校验和
    unsigned short  i_id;        // 非标准的 ICMP 首部
    unsigned short  i_seq;
    unsigned long   timestamp;
}ICMPHEADER;
```

5. 示例程序

程序清单 8-2　伪造 UDP 发包

```c
#include <stdio.h>                  /*伪造 UDP 报文发包*/
#include <stdlib.h>
#include <string.h>
#include <net/if.h>                 //结构体 ifreq 定义在此头文件中
#include <sys/ioctl.h>              //ioctl 函数、SIOCGIFADDR
#include <sys/socket.h>
#include <netinet/ether.h>          //宏 ETH_P_ALL 定义在此头文件中
#include <netpacket/packet.h>       //结构体 sockaddr_ll 定义在此头文件中

unsigned short checksum(unsigned short *buf, int nword);//校验和函数
```

```c
int main(int argc, char *argv[])
{
    //1.创建通信用的原始套接字
    int sock_raw_fd = socket(PF_PACKET, SOCK_RAW, htons(ETH_P_ALL));

    //2.根据各种协议首部格式构造发送数据报
    unsigned char send_msg[1024] = {
        //---------------组 MAC--------14 字节------
        0x74, 0x27, 0xea, 0xb5, 0xef, 0xd8,   //dst_mac: 74-27-EA-B5-FF-D8
        0xc8, 0x9c, 0xdc, 0xb7, 0x0f, 0x19,   //src_mac: c8:9c:dc:b7:0f:19
        0x08, 0x00,                            //类型: 0x0800 IP 协议
        //---------------组 IP---------20 字节------
        0x45, 0x00, 0x00, 0x00,   //版本: 4 位。首部长度: 4 位。服务类型: 8 位
                                  //总长度: 16 位
        0x00, 0x00, 0x00, 0x00,   //标识: 16 位。标志: 3 位。片偏移: 13 位
        0x80, 17,  0x00, 0x00,    //TTL: 128。协议: UDP (17)、16 位首部校验和
        10,  221, 20,  11,        //src_ip: 10.221.20.11
        10,  221, 20,  10,        //dst_ip: 10.221.20.10
        //---------------组 UDP--------8+78=86 字节------
        0x1f, 0x90, 0x1f, 0x90,   //src_port: 0x1f90(8080)。dst_port: 0x1f90(8080)
        0x00, 0x00, 0x00, 0x00    //16 位 UDP, 长度 30 字节, 16 位校验和
    };

    int len = sprintf(send_msg+42, "%s", "this is for the udp test");
    if(len % 2 == 1)//判断 len 是否为奇数
    {
        len++;
    }
    //如果是奇数, len 就应该加 1 (因为 UDP 的数据部分如果不为偶数就需要用 0 填补)

    *((unsigned short *)&send_msg[16]) = htons(20+8+len);   //IP 总长度 = 20 + 8 + len
    *((unsigned short *)&send_msg[14+20+4]) = htons(8+len);//udp 总长度 = 8 + len
    //3.UDP 伪首部
    unsigned char pseudo_head[1024] = {
        //-------------UDP 伪首部--------12 字节--
        10,  221, 20,  11,         //源 IP 地址: 10.221.20.11
        10,  221, 20,  10,         //目的 IP 地址: 10.221.20.10
        0x00, 17,  0x00, 0x00,     //填充域: 0,17。UDP 长度: 16 位
    };

    *((unsigned short *)&pseudo_head[10]) = htons(8 + len);
                //为首部中的 UDP 长度 (和真实 UDP 长度是同一个值)
    //4.构建 UDP 校验和需要的数据=UDP 伪首部 + UDP 数据报
```

```c
        memcpy(pseudo_head+12, send_msg+34, 8+len);//计算 UDP 校验和时需要加上伪首部
        //5.对 IP 首部进行校验
        *((unsigned short *)&send_msg[24]) = htons(checksum((unsigned short *)(send_msg+14),20/2));
        //6.对 UDP 数据进行校验
        *((unsigned short *)&send_msg[40]) = htons(checksum((unsigned short *)pseudo_head,(12+8+len)/2));

        //7.发送数据
        struct sockaddr_ll sll;            //原始套接字地址结构
        struct ifreq ethreq;               //网络接口地址

        strncpy(ethreq.ifr_name, "eth0", IFNAMSIZ);     //指定网卡名称
        if(-1 == ioctl(sock_raw_fd, SIOCGIFINDEX, &ethreq)) //获取网络接口
        {
            perror("ioctl");
            close(sock_raw_fd);
            exit(-1);
        }

        /*将网络接口赋值给原始套接字地址结构*/
        bzero(&sll, sizeof(sll));
        sll.sll_ifindex = ethreq.ifr_ifindex;
        len = sendto(sock_raw_fd, send_msg, 14+20+8+len, 0, (struct sockaddr *)&sll, sizeof(sll));
        if(len == -1)
        {
            perror("sendto");
        }
        return 0;
}
unsigned short checksum(unsigned short *buf, int nword)
{
    unsigned long sum;
    for(sum = 0; nword > 0; nword--)
    {
        sum += htons(*buf);
        buf++;
    }
    sum = (sum>>16) + (sum&0xffff);
    sum += (sum>>16);
    return ~sum;
}
```

8.3 网卡工作模式

Linux 操作系统中的网卡在不同的工作模式下接收的数据报文不同,网卡具有以下 4 种工作模式。

(1)广播模式(Broadcast Model):物理地址(MAC 地址)为 0Xffffff 的帧为广播帧,工作在广播模式的网卡只能接收广播帧。

(2)多播模式(Multicast Model):多播地址作为目的物理地址的帧可以被组内的其他设备同时接收,而组外的设备接收不到。若将网卡设置为多播模式,则即使不是组内成员也可以接收所有多播传送帧。

(3)直接模式(Direct Model):工作在直接模式下的网卡只接收目的地址是自身 MAC 地址的帧。

(4)混杂模式(Promiscuous Model):工作在混杂模式下的网卡接收所有通过网卡的帧。

网卡的默认工作模式包括广播模式和直接模式,即只接收广播帧和发给自己的帧。如果采用混杂模式,则一个站点的网卡将接收同一网络内所有站点发送的数据,这样可以获得对网络信息监听捕获的目的。在发送原始套接字报文时,如果发送的报文既不是广播包,又不是多播和指定目的地址的报文,则只有设置网卡的工作模式为混杂模式,设备才可以收到相应的报文。

在混杂模式下,网卡会接收所有通过网卡的数据,包括不是发给本机设备的数据。当网卡处于混杂模式时,该网卡具备广播地址功能,对每一个数据帧产生一个硬件中断,提醒 Linux 操作系统处理通过该物理媒介上的每一个报文。如果要收取原始套接字报文,则需要将 Linux 操作系统的网卡工作模式设置为混杂模式。

Linux 操作系统中设置和取消设置 eth0 网卡混杂模式的命令如下。

```
ifconfig eth0 promisc
ifconfig eth0 -promisc
```

编程中设置混杂模式的示例程序如程序清单 8-3 所示。

程序清单 8-3　设置混杂模式

```c
#include <stdlib.h>
#include <string.h>
#include <net/if.h>
#include <sys/ioctl.h>
void set_card_promisc(char *intf_name, int sock)
{
    struct ifreq ifr;

    strncpy(ifr.ifr_name, intf_name, strlen(intf_name) + 1);

    if (ioctl(sock, SIOCGIFFLAGS, &ifr) == -1) {
        perror("ioctl");
    }

    ifr.ifr_flags |= IFF_PROMISC;

    if (ioctl(sock, SIOCSIFFLAGS, &ifr) == -1) {
        perror("ioctl");
    }
}
```

8.4 原始数据包分析

使用 Wireshark 工具查看报文详解 Ethernet 字段中的链路层报文，分析抓取的 ARP 原始报文，如图 8-8 所示。根据链路层报文封包格式可知，报文的前 12 个字节存放源 MAC 地址和目的 MAC 地址，在 Wireshark 抓取的报文中，该报文的前 12 个字节存放的是目的广播 MAC 地址和源 MAC 地址，第 13 个字节和第 14 个字节存放的是协议类型（Wireshark 中 Type 字段的内容）。如通过代码分析接收报文的类型，则需要先解析接收报文中的 MAC 地址，再根据需要解析判断报文的类型，报文中第 13 个和第 14 个字节即是协议的类型。链路层数据包解析示例程序如程序清单 8-4 所示。

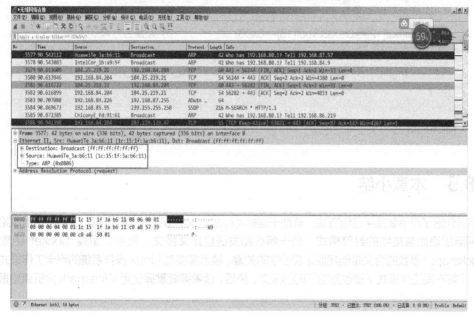

图 8-8　Ethernet 字段

程序清单 8-4　链路层数据包解析

```
#include<stdio.h>
#include<string.h>
#include<stdlib.h>
#include<sys/socket.h>
#include<netinet/in.h>
#include<netinet/ether.h>
int  main(int  argc,char  *argv[])
{
    /*创建链路层原始套接字*/
    unsigned  char  buf[1024]="";
    int  sock_raw_fd=socket(PF_PACKET,SOCK_RAW,htons(ETH_P_ALL));
    while(1)
    {
        unsigned  char  src_mac[18]="";
        unsigned  char  dst_mac[18]="";
```

```
        //获取链路层的数据帧
        recvfrom(sock_raw_fd,buf,sizeof(buf),0,NULL,NULL);
        //从 buf 中提取目的 MAC 及源 MAC,依据以太网报文格式解析数据包
    sprintf(dst_mac,"%02x:%02x:%02x:%02x:%02x:%02x",buf[0],buf[1],buf[2],buf[3],buf[4],buf[5]);
    sprintf(src_mac,"%02x:%02x:%02x:%02x:%02x:%02x",buf[6],buf[7],buf[8],buf[9],buf[10],buf[11]);
        //判断是否为 IP 数据报
        if(buf[12]==0x08&&buf[13]==0x00)
        {
            printf("IP   packet   : MAC:%s>>%s\n",src_mac,dst_mac);
        }
        else if(buf[12]==0x08&&buf[13]==0x06)              //判断是否为 ARP 数据报
        {
            printf("ARP   packet   : MAC:%s>>%s\n",src_mac,dst_mac);
        }
    }
    return  0;
}
```

8.5 本章小结

本章介绍了原始套接字通信方式,有助于理解网际层协议的报文格式和作用。了解链路层原始套接字和网际层原始套接字的封包格式,便于解析和发送自定义报文,其中,掌握 Socket 函数(如 setsocketopt)参数的含义是创建原始套接字的关键。读者需要对 Linux 操作系统的网卡工作模式有所了解,了解不同工作模式下接收到的不同的报文。最后,读者需要掌握使用 Wireshark 分析原始报文的方法。

8.6 本章习题

(1)使用原始套接字伪造封装 ARP 的报文。
(2)使用原始套接字伪造封装 TCP 的报文。
(3)使用原始套接字编码实现原始报文并进行分析。
(4)网卡的工作模式有几种?作用分别是什么?

第 3 部分

编程实践

第 9 章 飞鸽传书项目

9.1 飞鸽传书概述

飞鸽传书（IP Messenger，IPMsg）是由日本 Shirouzu Hiroaki（白水启章）发明的一款局域网内通信的免费软件，该软件基于 TCP、UDP 实现，可运行于多种操作平台，如 Linux、Windows、Mac、UNIX，实现跨平台信息交流。该软件不需要服务器支持，2.00 以上的版本支持文件、文件夹的传送，低版本可实现简单的数据传输；2.00 以上版本通信数据采用 RSA/Blofish 加密，软件十分小巧，简单易用。

9.2 IPMsg 简介

IPMsg 的主要功能是局域网通信、文件传输、文件夹传输，且通过添加局域网外 IP 地址可实现外网的聊天与文件传输功能。

1. 用户上线与聊天

IPMsg 的聊天功能通过 UDP 实现，通信默认使用 2425 端口，IPMsg 客户端开始运行后，首先向整个局域网广播上线报文，局域网内的其他客户端收到上线报文后，回复该报文，回复报文中包含了该客户端的 IP 地址、端口号、用户名、主机名等信息，其他客户端收到该信息后更新在线用户列表，完成上线通知。例如，某个用户发送 UDP 消息，客户端通过查询用户链表获取用户的网络地址信息，最后实现与用户的通信。

2. IPMsg 报文命令字

IPMsg 协议上线回复的 UDP 数据报文格式如图 9-1 所示。

程序版本号	数据包序列号	用户名	主机名	命令字（32位）	消息内容	附加信息
←──── 自定义长度 ────→				←── 自定义长度 ──→		

图 9-1　IPMsg 协议上线回复的 UDP 数据报文格式

报文通过字符串的形式发送，IPMsg 的程序版本号自定义，可作为第一个版本，取值为 1。数据包序列号必须是不重复的数字，可以使用较简洁的方式，通过 Linux 操作系统的库函数 time 来完成，time 函数可以返回从 1970 年 1 月 1 日 0 点至系统当前时间的总秒数，每次运行 time 函数的结果都不一样，以满足该字段的需求，方法不固定，也可用 rand 函数取随机值等方法。用户名和主机名可自行设定。

报文中的命令字指明报文是消息、上线通告、文件传输,还是文件夹传输等。附加信息在不同的命令字取值下含义不同,如命令字是消息,附加信息是消息内容;或命令字是传输文件,附加信息是文件的信息。命令字是 IPMsg 报文中最为重要的内容。

报文中的命令字是一个 32 位(4 字节)无符号整数,包含命令(最低 1 字节)和选项(高 3 字节)两部分。基本命令中带有 BR 标识的为广播命令。

(1)基本命令字

基本命令字是 32 位命令字的低 8 位,即最低 1 字节,其说明如表 9-1 所示。

表 9-1 基本命令字

序号	基本命令字	说明
1	IPMSG_NOOPERATION	不进行任何操作
2	IPMSG_BR_ENTRY	用户上线
3	IPMSG_BR_EXIT	用户退出
4	IPMSG_ANSENTRY	通报在线
5	IPMSG_SENDMSG	发送消息
6	IPMSG_RECVMSG	通报收到消息
7	IPMSG_GETFILEDATA	请求通过 TCP 传输文件
8	IPMSG_RELEASEFILES	停止接收文件
9	IPMSG_GETDIRFILES	请求传输文件夹

(2)文件类型命令字

文件类型命令字是 32 位的低 8 位,即最低 1 个字节,其说明如表 9-2 所示。

表 9-2 文件类型命令字

序号	文件类型命令字	说明
1	IPMSG_FILE_REGULAR	普通文件
2	IPMSG_FILE_DIR	目录文件
3	IPMSG_FILE_RETPARENT	返回上一级目录

(3)选项位命令字

选项位命令字是 32 位的高 24 位,即高 3 字节,其说明如表 9-3 所示。

表 9-3 选项位命令字

序号	选项位命令字	说明
1	IPMSG_SENDCHECKOPT	传送检查,回复确认信息
2	IPMSG_FILEATTACHOPT	传送文件选项

(4)用户信息存储结构体

IPMsg 客户端上线时,首先发送 IPMSG_NOOPERATION 命令字,默认不做任何处理,然后上线通告发送 IPMSG_BR_ENTRY 广播命令字,最后用户上线发送当前上线用户的信息。用户列表可通过链表实现,存储用户信息的结构体 user_data 如下。

```
typedef struct user_data
```

```
{
    char user_name[USE_NAME_LEN];        //用户名
    char host_name[HOST_NAME_LEN];       //机器名
    int id;                              //结点 ID
    long int host_ip;                    //存储 IP 信息，避免重复添加
    struct sockaddr_in inet;             //存储网络信息
    struct user_data *next;              //链表指针
}IPMSG_USER;
```

2. 文件传输

在 IPMsg 中进行文件或文件夹的传输时，先需要有消息应答，通过 UDP 发送文件传输报文；客户端收到报文后，使用 TCP 发送应答报文，实现文件的传输。

在处理文件传输时需要开启两个线程，线程 1 负责文件的传送，线程 2 负责文件的接收。

IPMsg 可以发送多个文件，这些文件信息通过链表保存，文件信息结构体如下。

```
typedef struct file_info
{
    structfile_info *next;               //双向链表
    structfile_info *forward;
    char *file;                          //文件名
    int type;                            //文件类型：文件或者文件夹
    intsize;                             //文件大小
    struct sockaddr_inaddr;              //目标网络信息
}FILE_INFO;
```

文件传送链表由线程 1 维护，处理文件传输队列，线程 1 循环查询文件传送链表，表头为 NULL 时，表示没有要传输的文件；表头非空时，表示需要传送文件发送报文。获得正确应答后，开始文件传输，文件传输结束后会将相应的链表结点删除。这里借鉴程序中使用非常广泛的"命名池"的相关概念，IPMsg 中使用了"文件池"概念，如果有文件要传输，不需要考虑是否有文件正在传输，只要把要传输的文件放入"文件池"中即可，同时，不需要考虑"文件池"的大小。线程 1 是文件池的服务线程，用来检测文件池的大小，只要文件池非空，就逐次传输文件。

需要特别注意文件夹的传输，这是飞鸽传书的一个难点。文件夹的内容没有明确显示，需要程序逐次判断，如果是一个文件夹，则发送文件属性为 IPMSG_FILE_DIR 命令字的信息包，IPMsg 客户端收到信息包后，需要创建这个文件夹，再进入文件夹传送文件夹内的文件。当该文件夹中还存在文件夹时，使用相同的方法，在文件夹内的文件传送结束后，再发送 FREEEIM_FILE_RETPARENT 命令字的信息包，接收 FREEEI_FILE_RETP 命令字报文的 IPMsg 客户端执行返回上一级目录操作，IPMsg 发送端需发送目录下的文件。如此循环操作，最终完成文件的传输。

经过对文件传输的讲解，文件接收过程可以类推，即同样开启一个线程维护接收文件链表，逐次接收文件直到链表为空。文件传输过程中会遇到文件读写问题，可能文件发送时是被打开的，就会导致访问违规，所以要有相应的处理机制使程序更加稳健。

9.3 项目介绍

1. 项目目标

本项目拟以 4 天时间完成一个局域网络聊天工具的编写，要求完成上线通知、下线通知、发送消息

显示、单文件接收、单文件发送、显示在线用户名单等基本功能；利用 UDP 传送聊天信息，使用 TCP 传送文件数据。读者可以通过这个项目了解网络的基本原理和网络开发的基本需求。

2. 项目流程分析

（1）主线程：接收消息，具体流程如图 9-2 所示。

① 用户上下线识别。
② 消息收发。
③ 文件传输。
④ 文件夹传输（可选项）。

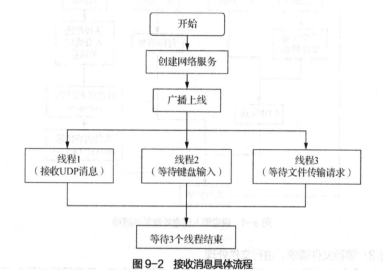

图 9-2　接收消息具体流程

（2）线程 1：接收 UDP 消息的具体流程如图 9-3 所示。

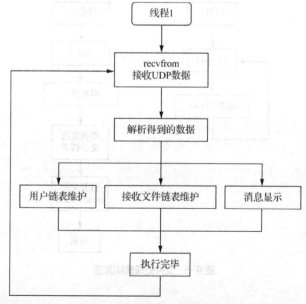

图 9-3　接收 UDP 消息的具体流程

（3）线程2：键盘输入信息处理，具体流程如图9-4所示。

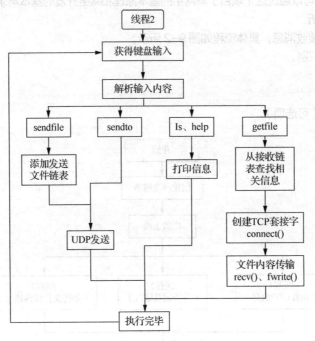

图9-4　键盘输入信息处理具体流程

（4）线程3：等待文件请求，进行文件处理

收到请求时，再创建线程3-x，可以同时进行多个文件的传送。读者可根据程序设计自行创建线程3-x，具体流程如图9-5所示。

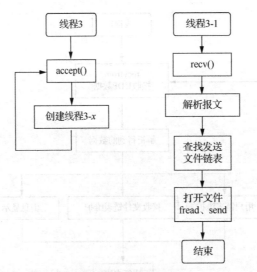

图9-5　文件处理具体流程

9.4 项目实施

```c
/************************************************************************
*       文件：    main.c
*       描述：    主函数
************************************************************************/
#include   "myinclude.h"
#include   "time.h"
#include   "communication.h"
#include   "user_manager.h"
#include   "user_interface.h"
/************************************************************************
函  数：   int main(int argc, char *argv[])
功  能：   主函数
参  数：   程序运行参数
************************************************************************/
int  main(int  argc,  char  *argv[])
{
    pthread_t   tid;
    online("Sunplusapp",  "root_teacher");
    //用户界面线程，处理用户输入的命令
    pthread_create(&tid, NULL, user_interface, NULL);

    //接收消息线程，接收其他客户端发送的 UDP 数据
    pthread_create(&tid, NULL, recv_msg_thread, NULL);

    //发送文件线程，等待其他客户端接收文件并负责向其传送文件
    pthread_create(&tid, NULL, sendfile_thread, NULL);
    //主线程不能退出
    pthread_join(tid, NULL);
    return  0;
}
/************************************************************************
*       文件：    myinclude.h
*       描述：    输出信息头文件
************************************************************************/
#include <stdio.h>
#include <stdlib.h>
#include <unistd.h>
#include <string.h>
#include <pthread.h>
```

```c
#include <sys/socket.h>
#include <netinet/in.h>
#include <arpa/inet.h>
#include <time.h>
#include "ipmsg.h"

#define IPMSG_OUT_MSG_COLOR(x)    { \
write(1, "\033[31m", 5);\
x \
write(1, "\033[32m", 5);}

#endif//_MYINCLUDE_H_

/************************************************************************
*         文件:       ipmsg.h
*         描述:       存放命令字头文件
************************************************************************/
#ifndef IPMSG_H
#define IPMSG_H

#include <time.h>

/*  IP Messenger Communication Protocol version 1.2 define    */
/*  macro  */
#define GET_MODE(command)            (command & 0x000000ffUL)
#define GET_OPT(command)             (command & 0xffffff00UL)

/*  header  */
#define IPMSG_VERSION                0x0001
#define IPMSG_DEFAULT_PORT           0x0979

/*  command  */
#define IPMSG_NOOPERATION            0x00000000UL

#define IPMSG_BR_ENTRY               0x00000001UL
#define IPMSG_BR_EXIT                0x00000002UL
#define IPMSG_ANSENTRY               0x00000003UL
#define IPMSG_BR_ABSENCE             0x00000004UL

#define IPMSG_BR_ISGETLIST           0x00000010UL
#define IPMSG_OKGETLIST              0x00000011UL
#define IPMSG_GETLIST                0x00000012UL
#define IPMSG_ANSLIST                0x00000013UL
```

```c
#define IPMSG_BR_ISGETLIST2        0x00000018UL

#define IPMSG_SENDMSG              0x00000020UL
#define IPMSG_RECVMSG              0x00000021UL
#define IPMSG_READMSG              0x00000030UL
#define IPMSG_DELMSG               0x00000031UL
#define IPMSG_ANSREADMSG           0x00000032UL

#define IPMSG_GETINFO              0x00000040UL
#define IPMSG_SENDINFO             0x00000041UL

#define IPMSG_GETABSENCEINFO       0x00000050UL
#define IPMSG_SENDABSENCEINFO      0x00000051UL

#define IPMSG_GETFILEDATA          0x00000060UL
#define IPMSG_RELEASEFILES         0x00000061UL
#define IPMSG_GETDIRFILES          0x00000062UL

#define IPMSG_GETPUBKEY            0x00000072UL
#define IPMSG_ANSPUBKEY            0x00000073UL

/*  option for all command  */
#define IPMSG_ABSENCEOPT           0x00000100UL
#define IPMSG_SERVEROPT            0x00000200UL
#define IPMSG_DIALUPOPT            0x00010000UL
#define IPMSG_FILEATTACHOPT        0x00200000UL
#define IPMSG_ENCRYPTOPT           0x00400000UL

/*  option for send command  */
#define IPMSG_SENDCHECKOPT         0x00000100UL
#define IPMSG_SECRETOPT            0x00000200UL
#define IPMSG_BROADCASTOPT         0x00000400UL
#define IPMSG_MULTICASTOPT         0x00000800UL
#define IPMSG_NOPOPUPOPT           0x00001000UL
#define IPMSG_AUTORETOPT           0x00002000UL
#define IPMSG_RETRYOPT             0x00004000UL
#define IPMSG_PASSWORDOPT          0x00008000UL
#define IPMSG_NOLOGOPT             0x00020000UL
#define IPMSG_NEWMUTIOPT           0x00040000UL
#define IPMSG_NOADDLISTOPT         0x00080000UL
#define IPMSG_READCHECKOPT         0x00100000UL
#define IPMSG_SECRETEXOPT          (IPMSG_READCHECKOPT|IPMSG_SECRETOPT)
```

```c
/* encryption flags for encrypt command */
#define IPMSG_RSA_512           0x00000001UL
#define IPMSG_RSA_1024          0x00000002UL
#define IPMSG_RSA_2048          0x00000004UL
#define IPMSG_RC2_40            0x00001000UL
#define IPMSG_RC2_128           0x00004000UL
#define IPMSG_RC2_256           0x00008000UL
#define IPMSG_BLOWFISH_128      0x00020000UL
#define IPMSG_BLOWFISH_256      0x00040000UL
#define IPMSG_SIGN_MD5          0x10000000UL

/* compatibilty for Win beta version */
#define IPMSG_RC2_40OLD         0x00000010UL    // for beta1-4 only
#define IPMSG_RC2_128OLD        0x00000040UL    // for beta1-4 only
#define IPMSG_BLOWFISH_128OLD   0x00000400UL    // for beta1-4 only
#define IPMSG_RC2_40ALL         (IPMSG_RC2_40|IPMSG_RC2_40OLD)
#define IPMSG_RC2_128ALL        (IPMSG_RC2_128|IPMSG_RC2_128OLD)
#define IPMSG_BLOWFISH_128ALL   (IPMSG_BLOWFISH_128|IPMSG_BLOWFISH_128OLD)

/* file types for fileattach command */
#define IPMSG_FILE_REGULAR      0x00000001UL
#define IPMSG_FILE_DIR          0x00000002UL
#define IPMSG_FILE_RETPARENT    0x00000003UL    // return parent directory
#define IPMSG_FILE_SYMLINK      0x00000004UL
#define IPMSG_FILE_CDEV         0x00000005UL    // for UNIX
#define IPMSG_FILE_BDEV         0x00000006UL    // for UNIX
#define IPMSG_FILE_FIFO         0x00000007UL    // for UNIX
#define IPMSG_FILE_RESFORK      0x00000010UL    // for Mac

/* file attribute options for fileattach command */
#define IPMSG_FILE_RONLYOPT     0x00000100UL
#define IPMSG_FILE_HIDDENOPT    0x00001000UL
#define IPMSG_FILE_EXHIDDENOPT  0x00002000UL    // for MacOS X
#define IPMSG_FILE_ARCHIVEOPT   0x00004000UL
#define IPMSG_FILE_SYSTEMOPT    0x00008000UL

/* extend attribute types for fileattach command */
#define IPMSG_FILE_UID          0x00000001UL
#define IPMSG_FILE_USERNAME     0x00000002UL    // uid by string
#define IPMSG_FILE_GID          0x00000003UL
#define IPMSG_FILE_GROUPNAME    0x00000004UL    // gid by string
#define IPMSG_FILE_PERM         0x00000010UL    // for UNIX
#define IPMSG_FILE_MAJORNO      0x00000011UL    // for UNIX devfile
```

```
#define IPMSG_FILE_MINORNO          0x00000012UL    // for UNIX devfile
#define IPMSG_FILE_CTIME            0x00000013UL    // for UNIX
#define IPMSG_FILE_MTIME            0x00000014UL
#define IPMSG_FILE_ATIME            0x00000015UL
#define IPMSG_FILE_CREATETIME       0x00000016UL
#define IPMSG_FILE_CREATOR          0x00000020UL    // for Mac
#define IPMSG_FILE_FILETYPE         0x00000021UL    // for Mac
#define IPMSG_FILE_FINDERINFO       0x00000022UL    // for Mac
#define IPMSG_FILE_ACL              0x00000030UL
#define IPMSG_FILE_ALIASFNAME       0x00000040UL    // alias fname
#define IPMSG_FILE_UNICODEFNAME     0x00000041UL    // UNICODE fname

#define FILELIST_SEPARATOR          '\a'
#define HOSTLIST_SEPARATOR          '\a'
#define HOSTLIST_DUMMY              "\b"

/*  end of IP Messenger Communication Protocol version 1.2 define   */

/*  IP Messenger for Windows   internal define   */
#define IPMSG_REVERSEICON           0x0100
#define IPMSG_TIMERINTERVAL         500
#define IPMSG_ENTRYMINSEC           5
#define IPMSG_GETLIST_FINISH        0

#define IPMSG_BROADCAST_TIMER       0x0101
#define IPMSG_SEND_TIMER            0x0102
#define IPMSG_LISTGET_TIMER         0x0104
#define IPMSG_LISTGETRETRY_TIMER    0x0105
#define IPMSG_ENTRY_TIMER           0x0106
#define IPMSG_DUMMY_TIMER           0x0107
#define IPMSG_RECV_TIMER            0x0108
#define IPMSG_ANS_TIMER             0x0109

#define IPMSG_NICKNAME              1
#define IPMSG_FULLNAME              2

#define IPMSG_NAMESORT              0x00000000
#define IPMSG_IPADDRSORT            0x00000001
#define IPMSG_HOSTSORT              0x00000002
#define IPMSG_NOGROUPSORTOPT        0x00000100
#define IPMSG_ICMPSORTOPT           0x00000200
#define IPMSG_NOKANJISORTOPT        0x00000400
#define IPMSG_ALLREVSORTOPT         0x00000800
```

```c
#define IPMSG_GROUPREVSORTOPT    0x00001000
#define IPMSG_SUBREVSORTOPT      0x00002000

#endif

/******************************************************************
*        文件:       user_interface.c
*        描述:       用户接口命令行
******************************************************************/
#include  "myinclude.h"
#include  "user_manager.h"
#include  "file_manager.h"
#include  "user_interface.h"
#include  "communication.h"
//帮助菜单
char  *help=  "******************************************************************\n"\
        "*   send/say    [username]                    :        发送消息            *\n"\
        "*   sendfile    [username]  [filename...]     :        发送消息            *\n"\
        "*   getfile     [filenum]                     :        发送消息            *\n"\
        "*   list/ls                                   :        打印用户列表        *\n"\
        "*   \"list/ls  file\"                           :        打印用户列表        *\n"\
        "*   clear/cls                                 :        清屏                *\n"\
        "*   help                                      :        帮助                *\n"\
        "*   exit/quit                                 :        退出                *\n"\
        "******************************************************************\n"
        ;
//函数指针
typedef  void  (*FUN)(int  argc,  char  *argv[]);

//命令结构体
typedef  struct  cmd
{
    char  *name;          //命令名称
    FUN   fun;            //命令处理函数
}CMD;

/************************************************************
函   数: void send_fun(int argc, char *argv[])
功   能: 发送文本
参   数: 命令参数/ send [user] [msg]/ sendfile [user] [file1] [file2]
************************************************************/
void  send_fun(int  argc,  char  *argv[])
{
```

```c
struct sockaddr_in addr = {AF_INET};
int s_addr = 0;
char name[20] = "";
char buf[100] = "";

char sendbuf[200]="";
char temp[100]="";
int templen = 0;
long t = time((time_t*)NULL);
int len = sprintf(sendbuf, "1:%ld:%s:%s", t, user(), host());

if(argc < 2)     //若参数小于2，则需输入用户名
{
    list();
    IPMSG_OUT_MSG_COLOR(
    printf("please input user name:");
    )
    fgets(name, sizeof(name), stdin);
    name[strlen(name)-1] = 0;
    argv[1] = name;
}

s_addr = get_addr_by_name(argv[1]);
if(s_addr == 0)
{
    printf("error: no this user:\"%s\"!\n", argv[1]);
    return ;
}
if(argc < 3)     //若参数小于3，则需输入消息或文件名
{
    if(strcmp(argv[0], "sendfile")==0)
    {
        IPMSG_OUT_MSG_COLOR(
        printf("please input filename:");
        )
    }
    else
    {
        IPMSG_OUT_MSG_COLOR(
        printf("please input message:");
        )
    }
    fgets(buf, sizeof(buf), stdin);
```

```
            buf[strlen(buf)-1] = 0;
            argv[2] = buf;

            //如果是发送文件，则需切割输入的多个文件名
            if( argv[0][4]=='f' )
            {
                int i = 2;
                argv[i] = buf;
                while((argv[i]=strtok(argv[i], " \t"))!=NULL) i++;
            }
        }

        if(strcmp(argv[0], "sendfile")==0)
        {
            int i = 2;
            char *fileopt = NULL;
            templen = sprintf(temp, ":%ld:%c",IPMSG_SENDMSG|IPMSG_SENDCHECKOPT|IPMSG_FILEATTACHOPT,0);
            fileopt = temp+templen;
            //添加多个文件属性
            while(argv[i]!=NULL)
            {
                len = getfileopt(fileopt, argv[i], t, i-2);
                templen += len;
                fileopt += len;
                i++;
            }
        }
        else
        {
            templen = sprintf(temp, ":%ld:%s", IPMSG_SENDMSG|IPMSG_SENDCHECKOPT, argv[2]);
        }

        memcpy(sendbuf+len, temp, templen);

        addr.sin_port = htons(PORT);
        addr.sin_addr.s_addr = s_addr;
        msg_send(sendbuf,len+templen, addr);
    }

/******************************************************************
    函    数: void getfile_fun(int argc, char *argv[])
```

```
功    能: 接收文本
参    数: 命令参数/ getfile   num（文件在链表中的序号）
*****************************************************************/
void getfile_fun(int  argc,  char  *argv[])
{
    int  id  =  0;
    if(  argc!=2  )
    {
        IPMSG_OUT_MSG_COLOR(
        printf("error  cmd  param\n");
        printf("command:  getfile  num\n");
        )
        return  ;
    }
    if((id=atoi(argv[1]))<0)
    {
        IPMSG_OUT_MSG_COLOR(
        printf("No  such  file!\n");
        )
        return  ;
    }
    recvfile(id);
}


/*****************************************************************
函    数: void  list_fun(int argc, char  *argv[])
功    能: 打印用户或文件列表
参    数: 命令参数/ls file（打印接收文件列表）
*****************************************************************/
void list_fun(int  argc,  char  *argv[])
{
    if(  argv[1]==NULL  )
        list();              //用户列表
    else if(strcmp("file",  argv[1])==0)
        file_list();          //文件列表
    else
        printf("command  not  find!\n");
}


/*****************************************************************
函    数: void  help_fun(int argc, char  *argv[])
功    能: 打开帮助菜单
参    数: 无
```

```
*****************************************************/
void help_fun(int argc, char *argv[])
{
    //打印帮助菜单
    IPMSG_OUT_MSG_COLOR(
    printf("%s", help);
    )
}


/*****************************************************
函  数: void exit_fun(int argc, char *argv[])
功  能: 退出
参  数: 无
*****************************************************/
void exit_fun(int argc, char *argv[])
{
    IPMsg_exit();
//  free_link();
    exit(1);
}


/*****************************************************
函  数: void clear_fun(int argc, char *argv[])
功  能: 清屏命令
参  数: 无
*****************************************************/
void clear_fun(int argc, char *argv[])
{
    write(1, "\033[2J\033[0;0H", 10);
}

//命令数组: 用来保存命令名和处理函数名
CMD  cmdlist[]={
                {"send",    send_fun},
                {"sendfile", send_fun},
                {"getfile", getfile_fun},
                {"list",   list_fun},
                {"ls",    list_fun},
                {"help",   help_fun},
                {"exit",   exit_fun},
                {"quit",   exit_fun},
                {"clear",  clear_fun},
                {"cls",   clear_fun}
```

```
        };
/****************************************************************
函    数: int exec_cmd(char *cmd)
功    能: 分析、分配命令
参    数: 无
****************************************************************/
int exec_cmd(char *cmd)
{
    char *argv[10] = {NULL};
    int argc = 0;
    int i = 0;
    if(strlen(cmd)==0)
        return 0;

    argv[0] = cmd;
    while((argv[argc]=strtok(argv[argc], " \t"))!=NULL) argc++;

    for (i=0;i<sizeof(cmdlist)/sizeof(CMD);i++)
    {
        //查找命令
        if (strcmp(cmdlist[i].name, argv[0])==0)
        {
            //执行命令
            cmdlist[i].fun(argc, argv);
            return 0;
        }
    }
    return -1;
}

/****************************************************************
函    数: void *user_interface(void *arg)
功    能: 查询用户信息
参    数: void *arg
****************************************************************/
void *user_interface(void *arg)
{
    write(1, "\033[32m", 5);
    while(1)
    {
        char buf[100]="";
        write(1,"\rIPMSG:",7);
```

```c
            fgets(buf, sizeof(buf), stdin);
            buf[strlen(buf)-1]=0;
            if(exec_cmd(buf) < 0)
            {
                IPMSG_OUT_MSG_COLOR(
                printf("command not find!\n");
                )
            }
        }
    }
    return NULL;
}

/************************************************************
 *         文件:    user_interface.h
 *         描述:    用户管理头文件
 ************************************************************/
#ifndef _USER_INTERFACE_H_
#define _USER_INTERFACE_H_

//用户界面线程，处理用户输入的命令
void *user_interface(void *arg);

#endif   //_USER_INTERFACE_H_


/************************************************************
 *         文件:    user_manager.c
 *         描述:    用户管理
 ************************************************************/
#include "myinclude.h"
#include "user_manager.h"

static IPMSG_USER *head = NULL;

/************************************************************
 函  数: void add_user(IPMSG_USER temp)
 功  能: 向用户列表中添加一个用户结点
 参  数: IPMSG_USER temp
************************************************************/
void add_user(IPMSG_USER temp)
{
    IPMSG_USER *pf=head, *pb=NULL, *pend=NULL;

    while(pf != NULL)
```

```c
    {
        if(pf->s_addr  ==   temp.s_addr) //用户是否已经在链表中
            return;
        pend  =  pf;
        pf  =  pf->next;
    }
    pb=(IPMSG_USER   *)malloc(sizeof(IPMSG_USER));
    strcpy(pb->name,  temp.name);
    strcpy(pb->host,  temp.host);
    pb->s_addr  =  temp.s_addr;
    pb->next=NULL;

    if(head  ==  NULL)
        head  =  pb;
    else
        pend->next  =  pb;
}


/****************************************************************
函    数: del_user(IPMSG_USER  user)
功    能: 从用户列表中删除一个用户结点
参    数: IPMSG_USER  user
****************************************************************/
void  del_user(IPMSG_USER  user)
{
    IPMSG_USER   *p1=head,*p2=NULL;
    if(head==NULL)
        return  ;
    else
    {
        while((strcmp(p1->name,user.name)!=0)&&(p1->next!=NULL))
        {
            p2=p1;
            p1=p1->next;
        }
        if(strcmp(p1->name,user.name)==0)
        {
            if(p1==head)
                head=p1->next;
            else
                p2->next=p1->next;
            free(p1);
        }
```

```
        }
    }

/******************************************************************
函    数: int get_addr_by_name(char *name)
功    能: 根据用户名返回 IP 地址
参    数: char *name
******************************************************************/
int get_addr_by_name(char *name)
{
    IPMSG_USER *p=head;
    while(p!=NULL)
    {
        if(strcmp(p->name, name)==0)
        {
            return  p->s_addr;
        }
        p = p->next;
    }
    return 0;
}


/******************************************************************
函    数: void list(void)
功    能: 打印用户列表
参    数: 无
******************************************************************/
void list(void)
{
    IPMSG_USER *p=head;
    IPMSG_OUT_MSG_COLOR(
    printf("%10s\t%10s\t%s\n", "Username","Hostname","IP Address");
    )
    while(p!=NULL)
    {
        struct in_addr addr = {p->s_addr};
        IPMSG_OUT_MSG_COLOR(
        printf("%10s\t%10s\t%s\n",p->name,p->host,inet_ntoa(addr));
        )
        p=p->next;
    }
}
```

```c
/*********************************************************************
*           文件:     user_manager.h
*           描述:     用户管理头文件
*********************************************************************/
#ifndef _LIST_H_
#define _LIST_H_

//用户信息结构体
typedef struct userlist
{
    char name[20];      //用户名
    char host[20];      //主机名
    int s_addr;         //IP 地址(32 位网络字节序)
    struct userlist *next;
}IPMSG_USER;

//向用户列表中添加一个用户结点
void add_user(IPMSG_USER temp);
//从用户列表中删除一个用户结点
void del_user(IPMSG_USER temp);
//根据用户名返回 IP 地址
int get_addr_by_name(char *name);
//打印用户列表
void list(void);
//void free_link(void);

#endif      //_LIST_H_


/*********************************************************************
*           文件:     file_manager.c
*           描述:     发送文件信息
*********************************************************************/
#include    <sys/stat.h>
#include    "myinclude.h"
#include    "file_manager.h"


static  IPMSG_FILE  *sendhead   =   NULL;   //发送链表
static  IPMSG_FILE  *recvhead   =   NULL;   //接收链表

//
//
/*********************************************************************
```

```
函  数: void add_file(IPMSG_FILE temp, int flag)
功  能: 向链表（接收或发送链表）中添加一个文件
参  数: IPMSG_FILE temp, int flag, flag 包含 SENDFILE（发送链表）和 RECVFILE（接收链表）
*********************************************************************/
void add_file(IPMSG_FILE temp, int flag)
{
    IPMSG_FILE  **phead=NULL, *pf=NULL, *pb=NULL;
    phead = (flag==SENDFILE)?(&sendhead):(&recvhead);

    pf = *phead;
    pb = (IPMSG_FILE *)malloc(sizeof(IPMSG_FILE));
    strcpy(pb->name, temp.name);
    strcpy(pb->user, temp.user);
    pb->num   = temp.num;
    pb->ltime = temp.ltime;
    pb->size  = temp.size;
    pb->pkgnum = temp.pkgnum;
    pb->next  = NULL;

    if( *phead==NULL )
    {
        *phead = pb;
    }
    else
    {
        while(pf->next != NULL)
        {
            pf = pf->next;
        }
        pf->next = pb;
    }
}

/*********************************************************************
函  数: void del_file(IPMSG_FILE *temp, int flag)
功  能: 从链表（接收或发送链表）中删除一个文件
参  数: IPMSG_FILE temp, int flag, flag 包含 SENDFILE（发送链表）和 RECVFILE（接收链表）
*********************************************************************/
void del_file(IPMSG_FILE *temp, int flag)
{
    IPMSG_FILE  **phead=NULL, *pf=NULL, *pb=NULL;
    phead = (flag==SENDFILE)?&sendhead:&recvhead;
    pb = *phead;
```

```c
        while(pb!=NULL)
        {
            if( (temp->pkgnum==pb->pkgnum) && (temp->num==pb->num) )
            {
                if(pb==*phead)
                    *phead = pb->next;
                else
                    pf->next = pb->next;
                pf=pb->next;
                free(pb);
                return ;
            }
            pf = pb;
            pb = pb->next;
        }
    }


/******************************************************************
函    数: IPMSG_FILE *getfileinfo(long pkgnum, int filenum)
功    能: 根据包标号和文件序号从发送链表中获取文件
参    数: long pkgnum, int filenum
******************************************************************/
IPMSG_FILE *getfileinfo(long pkgnum, int filenum)
{
    IPMSG_FILE  *p = sendhead;
    while(p!=NULL)
    {
        if( p->pkgnum != pkgnum )
        {
            p = p->next;
            continue;
        }
        if( p->num != filenum )
        {
            p = p->next;
            continue;
        }
        return p;
    }
    return NULL;
}

/******************************************************************
```

```c
/**********************************************************
函    数: int getfileopt(char *fileopt, char *filename, long pkgnum, int num)
功    能: 获取文件属性并保存到 fileopt 中，将文件信息保存到发送链表中
参    数: char *fileopt, char *filename, long pkgnum, int num
**********************************************************/
int getfileopt(char *fileopt, char *filename, long pkgnum, int num)
{
    int len = 0;
    IPMSG_FILE  file;
    struct  stat  fstat;
    int  ret = stat(filename, &fstat);
    if( ret<0 )
    {
        IPMSG_OUT_MSG_COLOR(
        printf("No such file:*%s*!\n", filename);
        )
        return 0;
    }
    strcpy(file.name, filename);
    file.num = num;
    file.pkgnum = pkgnum;
    file.size = fstat.st_size;
    add_file(file, SENDFILE);
    len = sprintf(fileopt, "%d:%s:%lx:%lx:%ld\a", \
            file.num, file.name, fstat.st_size, fstat.st_ctime,IPMSG_FILE_REGULAR );
    return len;
}
/**********************************************************
函    数: IPMSG_FILE * find_file(int id)
功    能: 在接收链表中按照序号（id）查找文件
参    数: int id
**********************************************************/
IPMSG_FILE * find_file(int id)
{
    int i = id;
    IPMSG_FILE *p = recvhead;
    if(p == NULL)
        return NULL;
    for(i=0;i!=id;i++)
    {
        if( p->next == NULL )
        {
            return NULL;
        }
```

```c
            p = p->next;
    }
    return p;
}


/*************************************************************
函    数: void file_list(void)
功    能: 打印接收文件列表
参    数: 无
*************************************************************/
void file_list(void)
{
    int id = 0;
    IPMSG_FILE *pb = recvhead;
    IPMSG_OUT_MSG_COLOR(
    printf("\rNUM\t\tFILE\t\tSender\n");
    )
    while(pb != NULL)
    {
        IPMSG_OUT_MSG_COLOR(
        printf("%d\t%20s\t%s\n", id++, pb->name, pb->user);
        )
        pb = pb->next;
    }
}


/*************************************************************
*        文件:    file_manager.h
*        描述:    发送文件头文件
*************************************************************/
#ifndef _FILE_H_
#define _FILE_H_

#define SENDFILE    0
#define RECVFILE    1

//文件信息结构体
typedef struct filelist
{
    char name[50];
    int num;
    long pkgnum;
    long size;
```

```c
        long ltime;
        char user[10];
        struct filelist *next;
}IPMSG_FILE;

//向链表（接收或发送链表）中添加一个文件，如
//flag : SENDFILE（发送链表）或 RECVFILE（接收链表）
void add_file(IPMSG_FILE temp, int flag);
//从链表（接收或发送链表）中删除一个文件
//flag : SENDFILE（发送链表）或 RECVFILE（接收链表）
void del_file(IPMSG_FILE *temp, int flag);
//在接收链表中按照序号（id）查找文件
IPMSG_FILE * find_file(int id);
//根据包标号和文件序号从发送链表中获取文件
IPMSG_FILE *getfileinfo(long pkgnum, int filenum);
//获取文件属性并保存到fileopt中，将文件信息保存到发送链表中
int getfileopt(char *fileopt, char *filename, long pkgnum, int num);
//打印接收文件链表
void file_list(void);


//void free_link(void);


#endif      //_FILE_H_

/**********************************************************************
*           文件:        communication.c
*           描述:        上线、聊天、传送文件
**********************************************************************/
#include   "myinclude.h"
#include   "communication.h"
#include   "user_manager.h"
#include   "file_manager.h"


static  int  udpfd  =  0;
static  int  tcpfd  =  0;
static  char  user_name[20]  =  "";
static  char  host_name[30]  =  "";


/**********************************************************************
函    数:  void create_server(void)
功    能:  创建UDP 和 TCP_Server 套接口
参    数:  无
**********************************************************************/
```

```c
void create_server(void)
{
    int broadcast=1;
    struct sockaddr_in addr = {AF_INET};
    addr.sin_port = htons(PORT);
    addr.sin_addr.s_addr = htonl(INADDR_ANY);
    //Create TCP socket    for SendFile Server
    tcpfd = socket(AF_INET,SOCK_STREAM,0);
    if(tcpfd < 0)
    {
        perror("Socket TCP");
        exit(-1);
    }

    if(bind(tcpfd, (struct sockaddr*)&addr, sizeof(addr))<0)
    {
        perror("Bind UDP");
        exit(1);
    }
    listen(tcpfd, 10);
    //Create UDP socket for commucation
    udpfd = socket(AF_INET,SOCK_DGRAM,0);
    if(udpfd < 0)
    {
        perror("Socket UDP");
        exit(-1);
    }

    if(bind(udpfd, (struct sockaddr*)&addr, sizeof(addr))<0)
    {
        perror("Bind UDP");
        exit(1);
    }
    setsockopt(udpfd,SOL_SOCKET,SO_BROADCAST,&broadcast, sizeof(int));
}

/*****************************************************************
函  数: void broad_cast_online_info(void)
功  能: 上线广播
参  数: 无
*****************************************************************/
void broad_cast_online_info(void)
{
```

```
    char  buf[100]="";
    struct  sockaddr_in  addr  =  {AF_INET};
    int  t  =  time((time_t  *)NULL);
    int  len  =  sprintf(buf,"1:%d:%s:%s:%ld:%s",  \
                        t,user_name,host_name,IPMSG_BR_ENTRY,user_name);
    addr.sin_port  =  htons(PORT);
//    addr.sin_addr.s_addr=inet_addr("255.255.255.255");
    addr.sin_addr.s_addr  =  htonl(-1);  //modified  by  wangyanjun  in  10/7/9
    sendto(udpfd,  buf,  len,  0,  (struct  sockaddr*)&addr,sizeof(addr));
}

/*****************************************************************
函    数: int  tcp_fd(void)
功    能: 获取 TCP 套接字
参    数: 无
*****************************************************************/
int  tcp_fd(void)
{
    return  tcpfd;
}

/*****************************************************************
函    数: int  udp_fd(void)
功    能: 获取 UDP 套接字
参    数: 无
*****************************************************************/
int  udp_fd(void)
{
    return  udpfd;
}
/*****************************************************************
函    数: char  *user(void)
功    能: 获取用户名称
参    数: 无
*****************************************************************/
char  *user(void)
{
    return  user_name;
}

/*****************************************************************
函    数: char  *host(void)
功    能: 获取主机名
```

参　　数：无
***/
```c
char *host(void)
{
    return host_name;
}


/*******************************************************
函　　数：void IPMsg_exit(void)
功　　能：下线广播
参　　数：无
*******************************************************/
void IPMsg_exit(void)
{
    char buf[100]="";
    struct sockaddr_in addr = {AF_INET};
    int t = time((time_t *)NULL);
    int len = sprintf(buf,"1:%d:%s:%s:%ld:%s", \
                      t,user_name,host_name,IPMSG_BR_EXIT,user_name);
    addr.sin_port = htons(PORT);
    addr.sin_addr.s_addr=inet_addr("255.255.255.255");
    sendto(udpfd, buf, len, 0, (struct sockaddr*)&addr,sizeof(addr));
}


/*******************************************************
函　　数：void online(char *user, char *host)
功　　能：上线并初始化系统
参　　数：char *user, char *host
*******************************************************/
void online(char *user, char *host)
{
    strcpy(user_name,user);
    strcpy(host_name,host);
    create_server();
    broad_cast_online_info();
}


/*******************************************************
函　　数：void msg_send(char *msg, int len,struct sockaddr_in addr)
功　　能：发送消息
参　　数：char *msg, int len, struct sockaddr_in addr
*******************************************************/
void msg_send(char *msg, int len,    struct sockaddr_in addr)
```

```c
{
    sendto(udpfd, msg, len, 0, (struct sockaddr*)&addr, sizeof(addr));
}

/********************************************************************
函    数: int recvfile(int id)
功    能: 接收文件(参数为接收文件列表中的序号)
参    数: int id
********************************************************************/
int recvfile(int id)
{
    int fd = 0;
    char buf[2048]="";
    FILE *fp = NULL;
    unsigned long len = 0;
    struct sockaddr_in addr = {AF_INET};
    int s_addr = 0;
    IPMSG_FILE *p = find_file(id);          //是否存在该文件
    if( p==NULL  )
    {
        IPMSG_OUT_MSG_COLOR(
        printf("no such file id\n");
        )
        return -1;
    }

    s_addr = get_addr_by_name(p->user); //根据发送者姓名获取发送者地址
    if( s_addr == 0 )
    {
        IPMSG_OUT_MSG_COLOR(
        printf("recv file error: user is not online!\n");
        )
        del_file(p, RECVFILE);
        return -1;
    }

    fd = socket(AF_INET, SOCK_STREAM, 0);      //创建临时TCP Client,用于接收文件
    if( fd < 0 )
    {
        IPMSG_OUT_MSG_COLOR(
        printf("recv file error: creat socket error!\n");
        )
        return -1;
```

```c
    }
    addr.sin_port = htons(PORT);
    addr.sin_addr.s_addr = s_addr;
    if(connect(fd, (struct sockaddr*)&addr, sizeof(addr))!=0)
    {
        perror("recvfile connect");
        return -1;
    }
    len = sprintf(buf, "1:%ld:%s:%s:%ld:%lx:%d:0", time((time_t*)NULL),\
            user(), host(), IPMSG_GETFILEDATA, p->pkgnum, p->num);
    send(fd, buf, len, 0);          //发送 IPMSG_GETFILEDATA
    fp = fopen(p->name, "w");
    if( fp==NULL )
    {
        perror("savefile");
        return -1;
    }
    len = 0;
    do                  //接收文件
    {
        int rlen = recv(fd, buf, sizeof(buf), 0);
        len += rlen;
        IPMSG_OUT_MSG_COLOR(
            printf("\rrecvlen=%d%%",    (int)((100*len)/p->size));
        )
        fflush(stdout);
        fwrite(buf, 1, rlen, fp);
    }while(len < p->size);

    printf("\n");
    close(fd);   //关闭 TCP Client
    fclose(fp);  //关闭文件
    del_file(p, RECVFILE);      //从文件列表中删除接收过的文件
    return 0;
}

/******************************************************************
函    数: void *sendfile_thread(void *arg)
功    能: 发送文件的线程
参    数: void *arg
*******************************************************************/
void *sendfile_thread(void *arg)
```

```c
{
    int fd = tcp_fd();  //获取 TCP_Server 套接口描述符
    while(1)
    {
        struct sockaddr_in addr = {AF_INET};
        unsigned int addrlen = sizeof(addr);
        int clifd = accept(fd, (struct sockaddr*)&addr, &addrlen);
        if( clifd<0 )
        {
            perror("accept");
            exit(1);
        }
        while(1)// 发送多个文件
        {
            IPMSG_FILE  *p = NULL;
            FILE *fp = NULL;
            IPMSG_USER  temp;
            long pkgnum = 0 ;
            char edition[100]="";
            long oldpkgnum = 0 ;
            long cmd = 0;
            int filenum = 0;
            char buf[1400]="";
            int sendsize = 0;
            //接收 IPMSG_GETFILEDATA
            if(recv(clifd, buf, sizeof(buf), 0)==0)
                break;
            sscanf(buf,  "%[^:]:%ld:%[^:]:%[^:]:%ld:%lx:%x",edition,  &pkgnum,  temp.name, temp.host, &cmd,\
                        &oldpkgnum, &filenum);
            //判断是否为 IPMSG_GETFILEDATA
            if((GET_MODE(cmd)&IPMSG_GETFILEDATA)!=IPMSG_GETFILEDATA)
                break;
            //获取之前发送的文件信息
            if ((p = getfileinfo(oldpkgnum, filenum))==NULL)
            {
                return NULL;
            }
            if( (fp=fopen(p->name, "r"))==NULL )
            {
                IPMSG_OUT_MSG_COLOR(
                printf("senderror: no such file: %s\n", p->name);
                )
```

```
                return   NULL;
        }
        do    //发送文件
        {
                int  size  =  fread(buf,  1,  sizeof(buf),  fp);
                isend(clifd,  buf,  size,  0);
                isendsize  +=  size;
        }while(sendsize  <  p->size);
        fclose(fp);                          //关闭文件
        del_file(p,  SENDFILE); //从发送文件链表中删除文件
    }//end  wile1      //循环发送多个文件
    close(clifd);              //关闭套接口,等待下一个用户连接
}//end   while
return   NULL;
}

/******************************************************************
函    数: void  *recv_msg_thread(void  *arg)
功    能: 接收消息线程,接收其他客户端发送的 UDP 数据
参    数: void  *arg
******************************************************************/
void  *recv_msg_thread(void  *arg)
{
    while(1)
    {
        char  buf[500]="";
        char  edition[100]="";
        struct  sockaddr_in  addr  =  {AF_INET};
        unsigned  int  addrlen  =  sizeof(addr);
        int  len  =  0;
        long  pkgnum  =  0;
        long  cmd  =  0;
        char  msg[100]="";
        int  t  =  0;
        char  *p  =  NULL;
        IPMSG_USER  temp;
        len  =  recvfrom(udp_fd(),  buf,  sizeof(buf),  0,  (struct  sockaddr*)&addr,  &addrlen);
        sscanf(buf,   "%[^:]:%ld:%[^:]:%[^:]:%ld",edition,  &pkgnum,  temp.name,   temp.host,
&cmd);

        p  =  strrchr(buf,  ':');                    //查找附加信息
        memcpy(msg,  p+1,  len-(p-buf));        //将附加信息放入 msg 中
```

```c
                    temp.s_addr = addr.sin_addr.s_addr;
                    switch(GET_MODE(cmd))
                    {
                    case IPMSG_BR_ENTRY:
                        t = time((time_t)NULL);
                        len = sprintf(buf,"1:%d:%s:%s:%ld:%s",t,user(),host(),IPMSG_ANSENTRY,user());
                        sendto(udp_fd(),buf,len,0,(struct sockaddr*)&addr,sizeof(addr));
                    case IPMSG_ANSENTRY:
                        add_user(temp);
                        break;
                    case IPMSG_SENDMSG:
                        if(msg[0]!=0)
                        {
                            IPMSG_OUT_MSG_COLOR(
                                printf("\r[recv msg from: %s ]#\n%s\n", temp.name, msg);
                            )
                            write(1,"\rIPMSG:",7);
                        }
                        if((cmd&IPMSG_SENDCHECKOPT)==IPMSG_SENDCHECKOPT)
                        {
                            char buf[50]="";
                            int len = sprintf(buf,"1:%d:%s:%s:%ld:%ld",t,user(),host(),IPMSG_RECVMSG,pkgnum);
                            sendto(udp_fd(),buf,len,0,(struct sockaddr*)&addr,sizeof(addr));
                        }
                        if((cmd&IPMSG_FILEATTACHOPT)==IPMSG_FILEATTACHOPT)
                        {
                            char *p = msg+strlen(msg)+1;
                            //printf("filemsg=%s\n",p);
                            char *fileopt= strtok(p, "\a");           //fileopt指向第一个文件属性
                            do{//循环提取文件信息
                                IPMSG_FILE ftemp;
                                sscanf(fileopt, "%d:%[^:]:%lx:%lx", &ftemp.num, ftemp.name, &ftemp.size, &ftemp.ltime);
                                strcpy(ftemp.user, temp.name);
                                ftemp.pkgnum = pkgnum;
                                add_file(ftemp, RECVFILE);
                                fileopt = strtok(NULL, "\a"); //fileopt指向下一个文件属性
                            }while(fileopt!=NULL);
                            IPMSG_OUT_MSG_COLOR(
                            printf("\r<<<Recv file from %s!>>>\n", temp.name);
                            )
                            write(1,"\rIPMSG:",7);
```

```
                }
                break;
            case  IPMSG_RECVMSG:
                {
                    IPMSG_OUT_MSG_COLOR(
                    printf("\r%s have receved your msg!\n", temp.name);
                    )
                    write(1,"\rIPMSG:",7);
                }
                break;
            case  IPMSG_BR_EXIT:
                del_user(temp);
                break;
            default  :
                break;
        }
    }
    return  NULL;
}



/***********************************************************************
*           文件:       communication.h
*           描述:       上线、聊天、传送文件功能头文件
***********************************************************************/
#ifndef _COMMUNICATION_H_
#define _COMMUNICATION_H_

#include "myinclude.h"
#define PORT 2425

//接收消息线程，接收其他客户端发送的 UDP 数据
void *recv_msg_thread(void *arg);
//发送文件线程，等待其他客户端接收文件并负责向其传送文件
void *sendfile_thread(void *arg);

//上线
void online(char *user, char *host);
//下线
void ipmsg_exit(void);

//发送信息
void msg_send(char *msg, int len, struct sockaddr_in addr);
//接收文件（参数为接收文件列表中的序号）
```

```c
int recvfile(int id);

//获取用户名
char *user(void);
//获取主机名
char *host(void);
//获取 UDP 描述符
int udp_fd(void);

#endif     //_COMMUNICATION_H_
```

```
/************************************************************************
*          文件：        Makefile
*          描述：        Linux 操作系统下的 Makefile 编译文件
************************************************************************/
obj=main.o user_manager.o communication.o user_interface.o file_manager.o
CC=gcc
CFLAGS=-Wall -O2

execfile=ipmsg

$(execfile):$(obj)
     $(CC) -o $@ $^ $(CFLAGS) -lpthread

%O:%C %h
     $(CC) -c -o $@ $^ $(CFLAGS)

clean:
 @rm $(obj) -rf $(execfile) -rf
```

第 10 章 路由器项目

10.1 路由器项目概述

所谓"路由",是指把数据从一个设备传送到另一个设备的行为和动作,而路由器正是执行这种行为动作的设备,英文名称为 Router。这是一个连接多个网络或网段的网络设备,对不同网络或网段之间的数据信息进行"翻译",使设备之间能够互相"读懂"对方的数据,从而构成一个更大的网络。

10.2 路由器功能简介

随着通信技术的发展,路由器包含的功能越来越强大,路由器支持各种局域网和广域网接口,用于互连局域网和广域网,实现不同网络的通信。其不仅可以提供分组过滤、分组转发、优先级、复用、加密和防火墙等数据处理功能,还可以提供包括配置管理、性能管理、流量控制等网络管理功能。

为了完成"路由"的功能,路由器中保存着各种传输路径的相关数据,如源 IP 地址、目的 IP 地址、源 MAC 地址、目的 MAC 地址、端口号等,通过这些信息可完成数据转发。考虑到项目的难度和课程内容,本项目主要接收原始套接字数据报,对数据报的协议类型进行分析,如是 ARP 数据报,则解析 IP 地址和 MAC 地址并保存,再通过保存的 ARP 记录转发已存在设备信息的 IP 数据报。简单的"路由"具备解析 ARP 数据报和解析 IP 数据报两个功能,具体功能实现如下。

1. 解析 ARP 数据报

路由器收到数据后,对接收到的原始数据进行分析,根据链路层 ARP 报文格式可知,数据中的第 13 个和第 14 个字节中存放的是协议类型,对协议类型进行判断,如果是 ARP 报文,则解析 ARP 报文中的源 IP 地址和源 MAC 地址,并将信息保存到链表中,保存之前要先查找当前是否已存在解析出的源 IP 地址,如果源 IP 地址存在,则更新该地址,如果不存在,则将其添加到保存的记录中,即保存在链表中。

2. 解析 IP 数据报

路由器接收到数据报后,对接收到的原始数据进行分析,根据链路层 IP 协议报文格式可知,报文中的第 13 个字节和第 14 个字节中存放的是协议类型,对协议类型进行判断,如果是 IP 报文,则根据 IP 报文格式解析出目的 IP 地址,并判断该目的 IP 地址是否在 IP 过滤表中(IP 过滤表存放的信息是 IP 地址,目的是对指定 IP 地址发送的数据不做重复处理),如果目的 IP 地址在 IP 过滤表中则放过;否则获取目的 IP 地址对应的出口网卡,通过解析出的可用网卡转发数据。在转发之前要判断 IP 数据报中的目的 IP 地址是否在保存 IP 地址和 MAC 地址的链表中,如果存在,则添加链路层以太网报文头中的源

MAC 地址为 IP 数据报中目的 IP 地址在 ARP 表中存放的 IP 地址对应的 MAC 地址；如果不存在，则发送链路层 ARP 数据报，未发送成功时采取循环发送机制。

10.3 项目分析

1. 项目目标

本项目拟以 5 天时间实现路由器功能，利用已学知识、网络资源或相关教材，实现数据转发，可自动获取 MAC 地址，过滤指定的 IP 报文、ARP 报文等基础功能，并对前面学习的内容进行总结。

2. 项目流程分析

（1）主线程

设备启动进入主线程，首先，需要处理配置文件，该文件作为 IP 过滤表，配置文件中存放不需要处理的 IP 地址，配置文件存放的格式可自行设置和自行解析；其次，进行接口的获取，这一部分代码本书中会提供，读者可以直接使用本书提供的文件获取网卡信息，确定发送数据时使用的网卡信息；再次，创建线程 1，用来处理键盘的输入信息；最后，创建原始套接字，用来接收原始数据报，收到数据报后进入循环处理等待接收下一个数据报，收到的数据报根据协议类型的不同分别进入线程 2 和线程 3 处理。主线程的具体处理流程如图 10-1 所示。

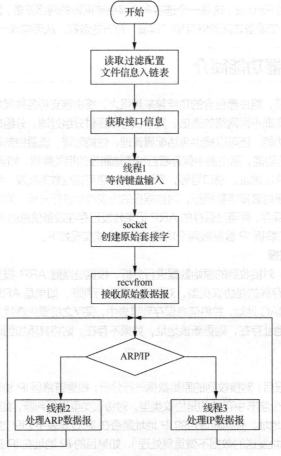

图 10-1 主线程的具体处理流程

（2）线程 1

该线程主要负责命令行的处理，即通过键盘输入指定的命令来添加过滤 IP 地址、查看 IP 地址过滤表、查看 ARP 存储的信息表、实现帮助和退出等功能，键盘输入处理流程如图 10-2 所示。

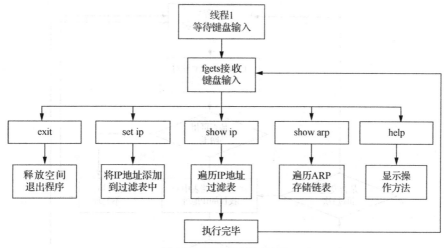

图 10-2　键盘输入处理流程

（3）线程 2

该线程主要对 ARP 数据报进行处理。通过在主线程中对数据源 MAC 地址和 IP 地址的解析，对该信息中的源 IP 地址与 ARP 存储链表中的 IP 地址进行比较，如果存在匹配的 IP 地址，则表示存在接收数据的源 IP 地址和 MAC 地址，并更新 MAC 地址；如果不存在，则将源 IP 地址和 MAC 地址添加到 ARP 存储链表中；处理完成后，等待下一次数据处理，其处理流程如图 10-3 所示。

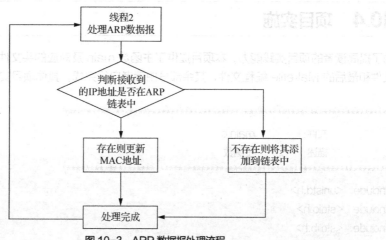

图 10-3　ARP 数据报处理流程

（4）线程 3

该线程主要对 IP 数据报进行处理。首先，主线程接收 IP 数据报，查找数据报中的目的 IP 地址是否在 IP 过滤表中，若存在该地址，则等待处理下一个数据包，若不存在则继续处理；其次，在该线程中通过目的 IP 地址获取对应的网卡出口，不存在可用网卡时直接处理下一个数据包，存在可用网卡时在 ARP 存储表中查找是否存在目的 IP 地址，若存在该 IP 地址，则根据查找到的 IP 地址对应的 MAC 地址，将 MAC 地址修改为数据报的目的 MAC 地址，数据报的源 MAC 地址修改为网卡信息中的 MAC 地址，若不存在匹配的 IP 地址，则重复发送 ARP 请求，设置重复发送次数，未超过重复发送次数时重复发送直到在 ARP 存储表中找对应的 IP 地址并封装数据包转发，超过重复发送次数后需要重新执行线程 3 的处理，其处理流程如图 10-4 所示。

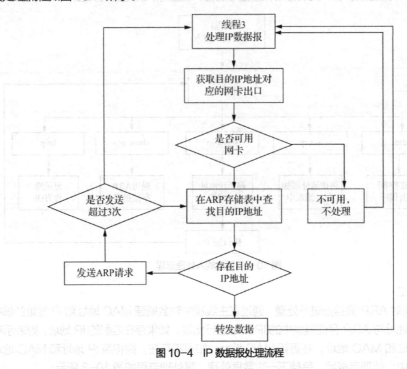

图 10-4　IP 数据报处理流程

10.4 项目实施

为了提高读者的项目实践能力，本项目提供了主函数 main 及对应的头文件、获取接口函数及对应头文件和最后的 Makefile 编程文件，其余部分由读者自行完成，具体项目实施代码可参考下载源代码。

```
/***************************************************************
*         文件：     main.c
*         描述：     主函数
***************************************************************/
#include <unistd.h>
#include <stdio.h>
#include <stdlib.h>
#include <string.h>
#include <sys/socket.h>
#include <netinet/in.h>     //htons
#include <netinet/ether.h>  //ETH_P_ALL
#include <pthread.h>
#include "main.h"
```

```c
/*    ====START====如下头文件是要自行实现的代码功能和对应的头文件     */
#include  "arp_pthread.h"          //ARP 线程处理 ARP 数据
#include  "arp_link.h"             //保存 ARP 信息表
#include  "ip_pthread.h"           //IP 线程处理 IP 数据
#include  "ip_link.h"              //保存 IP 过滤信息表
#include  "key_pthread.h"          //键盘线程处理
/*    ====================END======        ====================    */
#include  "get_interface.h"
int  main(int  argc,  char  *argv[])
{
    /*初始化配置文件*/
    init_ip_link();
    /*获取接口信息*/
    getinterface();
    /*创建键盘处理函数并脱离*/
    pthread_t  KEY_T;
    pthread_create(&KEY_T, NULL,key_pthread, NULL);
    pthread_detach(KEY_T);

    /*创建原始套接字，接收所有类型的数据报*/
    raw_sock_fd = socket(PF_PACKET, SOCK_RAW, htons(ETH_P_ALL));
    if(raw_sock_fd<=0){
        perror("socket");
        _exit(-1);
    }
    char  recv_buff[RECV_SIZE]="";//原始套接字数据报大约为 1500 字节
    ssize_t  recv_len=0;
    while(1){
        bzero(recv_buff,sizeof(recv_buff));
        recv_len = recvfrom(raw_sock_fd, recv_buff, sizeof(recv_buff), 0, NULL, NULL);
        if(recv_len<=0||recv_len>RECV_SIZE){
            perror("recvfrom");
            continue;
        }
        if((recv_buff[12]==0x08)&&(recv_buff[13]==0x06)){//ARP 协议包
            ARP_LINK  *p = (ARP_LINK *)malloc(sizeof(ARP_LINK));
            if(p==NULL){
                perror("malloc");
                continue;
            }
            memcpy(p->mac,  recv_buff+22,  6);//mac
            memcpy(p->ip ,  recv_buff+28, 4);//ip
            //printf("%d.%d.%d.%d-->",p->ip[0],p->ip[1],p->ip[2],p->ip[3]);
```

```c
                pthread_t ARP_T;
                pthread_create(&ARP_T, NULL,arp_pthread, (void*)p);
                pthread_detach(ARP_T);
            }
            if((recv_buff[12]==0x08)&&(recv_buff[13]==0x00)){//IP 协议包
                //目的 IP 过滤
                IP_LINK *ip_pb = find_ip(ip_head, (unsigned char*)recv_buff+30);
                if(ip_pb!=NULL){
                    continue;
                }
                RECV_DATA *recv = (RECV_DATA *)malloc(sizeof(RECV_DATA));
                recv->data_len = recv_len;
                memcpy(recv->data, recv_buff, recv_len);
                //创建转发数据报处理线程
                pthread_t IP_T;
                pthread_create(&IP_T, NULL,ip_pthread, (void*)recv);
                pthread_detach(IP_T);
            }
        }

    return 0;
}
/**********************************************************************
*           文件:         main.h
*           描述:         主函数头文件
**********************************************************************/
#ifndef MIAN_H
#define MIAN_H

int raw_sock_fd;

#define RECV_SIZE 2048
typedef struct recv_data{
    ssize_t data_len ;
    unsigned char data[RECV_SIZE];
}RECV_DATA;
#endif
/**********************************************************************
*           文件:         get_interface.c
*           描述:         获取接口函数
**********************************************************************/
#include <arpa/inet.h>
#include <net/if.h>
```

```c
#include <net/if_arp.h>
#include <netinet/in.h>
#include <stdio.h>
#include <sys/ioctl.h>
#include <sys/socket.h>
#include <unistd.h>
#include <string.h>
#include <stdlib.h>

#include <netinet/ether.h>
#include "get_interface.h"

int interface_num=0;//接口数量
INTERFACE net_interface[MAXINTERFACES];//接口数据

/*****************************************************************
函    数: int get_interface_num()
功    能: 获取接口数量
参    数: 无
*****************************************************************/
int get_interface_num(){
    return interface_num;
}

/*****************************************************************
函    数: int getinterface()
功    能: 获取接口信息
参    数: 无
*****************************************************************/
void getinterface(){
    struct ifreq buf[MAXINTERFACES];        // ifreq 结构数组
    struct ifconf ifc;                      // ifconf 结构

    int sock_raw_fd = socket(PF_PACKET, SOCK_RAW, htons(ETH_P_ALL));
    /* 初始化 ifconf 结构 */
    ifc.ifc_len = sizeof(buf);
    ifc.ifc_buf = (caddr_t) buf;

    /* 获得接口列表 */
    if (ioctl(sock_raw_fd, SIOCGIFCONF, (char *) &ifc) == -1){
        perror("SIOCGIFCONF ioctl");
        return ;
    }
```

```c
            interface_num = ifc.ifc_len / sizeof(struct ifreq);    //接口数量
            printf("interface_num=%d\n\n", interface_num);
            char buff[20]="";
            int ip;
            int if_len = interface_num;
            while (if_len-- > 0){ //遍历每个接口
                printf("%s\n", buff[if_len].ifr_name); //接口名称
                sprintf(net_interface[if_len].name, "%s", buff[if_len].ifr_name); /* 接口名称 */
                printf("-%d-%s--\n",if_len,net_interface[if_len].name);
                /* 获得接口标志 */
                if (!(ioctl(sock_raw_fd, SIOCGIFFLAGS, (char *) &buff[if_len]))){
                    /* 接口状态 */
                    if (buff[if_len].ifr_flags & IFF_UP){
                        printf("UP\n");
                        net_interface[if_len].flag = 1;
                    }
                    else{
                        printf("DOWN\n");
                        net_interface[if_len].flag = 0;
                    }
                }else{
                    char str[256];
                    sprintf(str, "SIOCGIFFLAGS ioctl %s", buff[if_len].ifr_name);
                    perror(str);
                }

                /* IP 地址 */
                if (!(ioctl(sock_raw_fd, SIOCGIFADDR, (char *) &buff[if_len]))){
                    printf("IP:%s\n",(char*)inet_ntoa(((struct sockaddr_in*) (&buff[if_len].ifr_addr))->sin_addr));
                    bzero(buff,sizeof(buff));
                    sprintf(buff,"%s", (char*)inet_ntoa(((struct sockaddr_in*) (&buff[if_len].ifr_addr))->sin_addr));
                    inet_pton(AF_INET, buff, &ip);
                    memcpy(net_interface[if_len].ip, &ip, 4);
                }else{
                    char str[256];
                    sprintf(str, "SIOCGIFADDR ioctl %s", buff[if_len].ifr_name);
                    perror(str);
                }

                /* 子网掩码 */
                if (!(ioctl(sock_raw_fd, SIOCGIFNETMASK, (char *) &buff[if_len]))){
                    printf("netmask:%s\n",(char*)inet_ntoa(((struct sockaddr_in*) (&buff[if_len].ifr_addr))->sin_addr));
```

```
            bzero(buff,sizeof(buff));
            sprintf(buff, "%s", (char*)inet_ntoa(((struct sockaddr_in*) (&buf[if_len].ifr_addr))->sin_addr));
            inet_pton(AF_INET, buff, &ip);
            memcpy(net_interface[if_len].netmask, &ip, 4);
        }else{
            char str[256];
            sprintf(str, "SIOCGIFADDR ioctl %s", buf[if_len].ifr_name);
            perror(str);
        }

        /* 广播地址 */
        if (!(ioctl(sock_raw_fd, SIOCGIFBRDADDR, (char *) &buf[if_len]))){
            printf("br_ip:%s\n",(char*)inet_ntoa(((struct sockaddr_in*) (&buf[if_len].ifr_addr))->sin_addr));
            bzero(buff,sizeof(buff));
            sprintf(buff, "%s", (char*)inet_ntoa(((struct sockaddr_in*) (&buf[if_len].ifr_addr))->sin_addr));
            inet_pton(AF_INET, buff, &ip);
            memcpy(net_interface[if_len].br_ip, &ip, 4);
        }else{
            char str[256];
            sprintf(str, "SIOCGIFADDR ioctl %s", buf[if_len].ifr_name);
            perror(str);
        }

        /*MAC 地址 */
        f (!(ioctl(sock_raw_fd, SIOCGIFHWADDR, (char *) &buf[if_len]))){
            printf("MAC:%02x:%02x:%02x:%02x:%02x:%02x\n\n",
                (unsigned char) buf[if_len].ifr_hwaddr.sa_data[0],
                (unsigned char) buf[if_len].ifr_hwaddr.sa_data[1],
                (unsigned char) buf[if_len].ifr_hwaddr.sa_data[2],
                (unsigned char) buf[if_len].ifr_hwaddr.sa_data[3],
                (unsigned char) buf[if_len].ifr_hwaddr.sa_data[4],
                (unsigned char) buf[if_len].ifr_hwaddr.sa_data[5]);
            memcpy(net_interface[if_len].mac, (unsigned char *)buf[if_len].ifr_hwaddr.sa_data, 6);
        }else{
            char str[256];
            sprintf(str, "SIOCGIFHWADDR ioctl %s", buf[if_len].ifr_name);
            perror(str);
        }
    }//--while end
```

```
            close(sock_raw_fd);      //关闭 socket
}

/*******************************************************************
 *         文件:         get_interface.h
 *         描述:         获取接口函数头文件
 *******************************************************************/
#ifndef GET_INTERFACE_H
#define GET_INTERFACE_H

#define MAXINTERFACES 16              //最大接口数

typedef struct interface{
    char name[20];                    //接口名称
    unsigned char ip[4];              //IP 地址
    unsigned char mac[6];             //MAC 地址
    unsigned char netmask[4];         //子网掩码
    unsigned char br_ip[4];           //广播地址
    int  flag;                        //状态
}INTERFACE;
extern INTERFACE net_interface[MAXINTERFACES];//接口数据

/*******************************************************************
 函    数: int getinterface()
 功    能: 获取接口信息
 参    数: 无
*******************************************************************/
extern void getinterface();

/*******************************************************************
 函    数: int get_interface_num()
 功    能: 获取实际接口数量
 参    数: 接口数量
*******************************************************************/
int get_interface_num();

#endif


/*******************************************************************
 *         文件:         Makefile
 *         描述:         Linux 操作系统编译文件
 *******************************************************************/
OBJ += main.o
```

```
OBJ += arp_pthread.o
OBJ += arp_link.o
OBJ += ip_pthread.o
OBJ += ip_link.o
OBJ += key_pthread.o
OBJ += get_interface.o

FLAGS = -Wall
CC = gcc

router:$(OBJ)
    $(CC) $(OBJ) -o $@ $(FLAGS) -lpthread
%.o:%.c
    $(CC) -c $^ -o $@ $(FLAGS)
.PHONY:clean
clean:
    rm router *.o -rfv
```

参考文献

[1] W. Richard Stevens,Bill Fenner,Andrew M. Rudoff. UNIX 网络编程卷 1:套接字联网 API[M]. 北京:人民邮电出版社,2009.

[2] W. Richard Stevens. TCP/IP 详解卷 1: 协议[M]. 范建华,胥光辉,张涛,等译. 北京:机械工业出版社,2000.

[3] 谢希仁. 计算机网络[M]. 北京:电子工业出版社,2008.

[4] 鸟哥. 鸟哥的 Linux 私房菜:服务器架设篇[M]. 北京:机械工业出版社,2008.